"十四五"职业教育国家规划教材

O2O 高等院校O2O新形态立体化系列规划教材

U0261792

Office 2010

办公应用
立体化教程 | 微课版

艾华 傅伟 ◎ 主编

严尔军 褚梅 朱宇 ◎ 副主编

人民邮电出版社

北 京

图书在版编目（CIP）数据

Office 2010办公应用立体化教程：微课版／艾华，
傅伟主编. -- 2版. -- 北京：人民邮电出版社，2017.9
高等院校O2O新形态立体化系列规划教材
ISBN 978-7-115-45291-7

Ⅰ．①O… Ⅱ．①艾… ②傅… Ⅲ．①办公自动化—应
用软件—高等学校—教材 Ⅳ．①TP317.1

中国版本图书馆CIP数据核字(2017)第086382号

内 容 提 要

　　Office是现代办公的基础软件，广泛应用于各行各业，其中Office 2010版本是目前办公中经常使用的版本，具有操作简单、功能强大等优点。本书即以Office 2010为蓝本，讲解Office办公软件中Word 2010文档编辑软件、Excel 2010表格编辑软件、PowerPoint 2010幻灯片制作软件3个常用组件的使用。本书在附录中还列出一些常用的Office知识，如Office的常用快捷键、Office能力提升网站推荐和PowerPoint配色原则等，以方便读者快速查阅。

　　本书由浅入深、循序渐进，采用情景导入案例式讲解软件知识，然后通过"项目实训"和"课后练习"加强对学习内容的训练，最后通过"技巧提升"来强化学生的综合学习能力，加深对软件的认知。全书通过大量的案例和练习，着重于对学生实际应用能力的培养，并将职业场景引入课堂教学，让学生提前进入工作的角色。

　　本书适合作为高等教育院校计算机办公相关课程的教材，也可作为各类社会培训学校相关专业的教材，同时还可供Office办公软件初学者自学使用。

◆ 主　编　艾华　傅伟
　　副主编　严尔军　褚梅　朱宇
　　责任编辑　马小霞
　　责任印制　马振武
◆ 人民邮电出版社出版发行　　北京市丰台区成寿寺路11号
　　邮编　100164　　电子邮件　315@ptpress.com.cn
　　网址　http://www.ptpress.com.cn
　　三河市祥达印刷包装有限公司印刷
◆ 开本：787×1092　1/16
　　印张：15.5　　　　　　　2017年9月第2版
　　字数：347千字　　　　　2025年2月河北第22次印刷

定价：42.00元

读者服务热线：(010)81055256　印装质量热线：(010)81055316
反盗版热线：(010)81055315

前　言
PREFACE

党的二十大报告提出：教育、科技、人才是全面建设社会主义现代化国家的基础性、战略性支撑。必须坚持科技是第一生产力、人才是第一资源、创新是第一动力，深入实施科教兴国战略、人才强国战略、创新驱动发展战略，开辟发展新领域新赛道，不断塑造发展新动能新优势。

鉴于此，根据教学改革的需要，我们组织了一批优秀的、具有丰富教学经验和实践经验的作者团队编写了"高等院校O2O新形态立体化系列规划教材"。

教材进入学校已有三年多的时间，在这段时间里，我们很庆幸这套图书能够帮助教师授课，并得到广大教师的认可；同时我们更加庆幸，很多教师在教授教材的同时，给我们提出了宝贵的建议。为了让本套书更好地服务于广大教师和同学，我们根据一线教师的建议，开始着手教材的改版工作。改版后的套书拥有案例更多、行业知识更全、练习更多等优点。在教学方法、教学内容和教学资源3个方面体现出自己的特色，更加适合现代教学需要。

教学方法

本书根据"情景导入→课堂案例→项目实训→课后练习→技巧提升"5段教学法，将职业场景、软件知识、行业知识进行有机整合，各个环节环环相扣，浑然一体。

- **情景导入**：本书以日常办公中的场景展开，以主人公的实习情景模式为例引入各章教学主题，并贯穿于课堂案例的讲解中，让学生了解相关知识点在实际工作中的应用情况。教材中设置的主人公如下。

  米拉——职场新进人员，呢称小米。

  洪钧威——人称老洪、威哥，米拉的顶头上司，职场的引路人。

- **课堂案例**：以来源于职场和实际工作中的案例为主线，以米拉的职场经历引入每一个课堂案例。因为这些案例均来自职场，所以应用性非常强。在每个课堂案例中，我们不仅讲解了案例涉及的Office软件知识，还讲了与案例相关的行业知识，并通过"职业素养"的形式展现出来。在案例的制作过程中，穿插有"知识提示""多学一招"小栏目，提升学生的软件操作技能，拓展学生的知识面。

- **项目实训**：结合课堂案例讲解的知识点和实际工作的需要进行综合训练。训练注重学生的自我总结和学习，所以在项目实训中，我们只提供适当的操作思路及步骤提示供参考，要求学生独立完成操作，充分训练学生的动手能力。同时增加与本实训相关的"专业背景"帮助学生提升自己的综合能力。

- **课后练习**：结合本章内容给出难度适中的上机操作题，可以让学生巩固所学知识。

- **技巧提升**：以各章案例涉及的知识为主线，深入讲解软件的相关知识，让学生可以更便捷地操作软件，或者可以学到软件的更多高级功能。

教学内容

本书的教学目标是循序渐进地帮助学生掌握 Office 办公软件的高级应用，具体包括掌握 Word 2010、Excel 2010 和 PowerPoint 2010 的使用，以及 Office 各组件的协同使用。全书共 10 章，内容可分为以下 4 个方面。

- **第1~3章：** 主要讲解 Word 文档编辑软件的使用，包含 Word 2010 的基本操作、编辑与美化文档内容，以及长文档的编排和审校等。
- **第4~7章：** 主要讲解 Excel 表格制作软件的使用，包含数据输入、编辑、格式设置、计算、管理和分析等知识。
- **第8~9章：** 主要讲解 PowerPoint 多媒体编辑软件的使用，包含幻灯片的基本操作、多媒体对象的插入、动画的设置及放映输出等。
- **第10章：** 综合使用 Office 组件完成一个案例，在完成案例的过程中需要将一个组件的内容引用到另一个组件中，通过案例学习整合 Office 软件资源的能力。

平台支撑

人民邮电出版社充分发挥在线教育方面的技术优势、内容优势、人才优势，潜心研究，为读者提供一种"纸质图书 + 在线课程"相配套，全方位学习 Office 2010 办公应用的解决方案。读者可根据个人需求，利用图书和"微课云课堂"平台上的在线课程进行碎片化、移动化的学习，以便快速全面地掌握 Office 2010 办公应用。

"微课云课堂"目前包含近 50000 个微课视频，在资源展现上分为"微课云""云课堂"这两种形式。"微课云"是该平台中所有微课的集中展示区，用户可随需选择；"云课堂"是在现有微课云的基础上，为用户组建的推荐课程群，用户可以在"云课堂"中按推荐的课程进行系统化学习，或者将"微课云"中的内容进行自由组合，定制符合自己需求的课程。

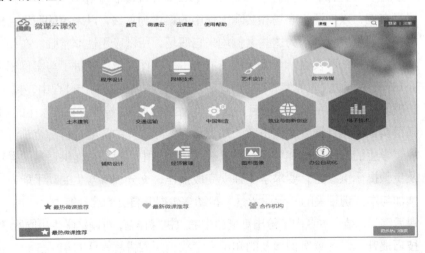

● **"微课云课堂"使用方法**

扫描封面上的二维码或者直接登录"微课云课堂"（www.ryweike.com）→用手机号码注册→在用户中心输入本书激活码（62fd330d），将本书包含的微课资源添加到个人账户，获取永久在线观看本课程微课视频的权限。

此外，购买本书的读者还将获得一年期价值 168 元的 VIP 会员资格，可免费学习50000 微课视频。

 教学资源

本书的教学资源包括以下几个方面的内容。

● **素材文件与效果文件**：包含图书中实例涉及的素材与效果文件。

● **模拟试题库**：包含丰富的关于 Office 办公软件的相关试题，读者可自动组合出不同的试卷进行测试。另外，光盘中还提供了两套完整的模拟试题，以便读者测试和练习。

● **PPT 课件和教学教案**：包括 PPT 课件和 Word 文档格式的教学教案，以便老师顺利开展教学工作。

● **拓展资源**：包含 Word 教学素材和模板、Excel 教学素材和模板、PowerPoint 教学素材和模板、教学演示动画等。

特别提醒：上述教学资源可访问人民邮电出版社人邮教育社区（http://www.ryjiaoyu.com/）搜索书名下载，或者发电子邮件至 dxbook@qq.com 索取。

本书涉及的所有案例、实训、讲解的重要知识点都提供了二维码，使用手机或平板电脑扫描即可查看对应的操作演示以及知识点的讲解内容，方便灵活地运用碎片时间，即时学习。

本书由艾华、傅伟任主编，严尔军、褚梅、朱宇任副主编，刘佳欣编。虽然编者在编写本书的过程中倾注了大量心血，但恐百密之中仍有疏漏，恳请广大读者不吝赐教。

编者

2023 年 5 月

目 录

CONTENTS

第 1 章　Word 基础与编辑美化　1

1.1　Word 基础知识　2
1.1.1　启动 Word 2010　2
1.1.2　熟悉 Word 2010 工作界面　2
1.1.3　自定义 Word 工作界面　4
1.1.4　退出 Word 2010　7
1.2　课堂案例：创建"工作备忘录"文档　7
1.2.1　新建文档　8
1.2.2　输入文本　9
1.2.3　保存文档　12
1.2.4　保护文档　13
1.2.5　关闭文档　14
1.3　课堂案例：编辑"演讲稿"文档　14
1.3.1　打开文档　15
1.3.2　选择文本　16
1.3.3　修改与删除文本　17
1.3.4　移动与复制文本　18
1.3.5　查找与替换文本　20
1.4　课堂案例：美化"招聘启事"文档　22

1.4.1　设置字体格式　23
1.4.2　设置段落格式　24
1.4.3　设置项目符号和编号　25
1.4.4　设置边框与底纹　26
1.5　项目实训　27
1.5.1　创建"会议通知"文档　28
1.5.2　编辑"招标公告"文档　29
1.6　课后练习　31
练习 1：创建"厂房招租"文档　31
练习 2：编辑"会议安排"文档　31
1.7　技巧提升　32
1. 设置文档自动保存　32
2. 删除为文档设置的保护　32
3. 修复并打开被损坏的文档　32
4. 快速选择文档中相同格式的文本内容　32
5. 清除文本或段落中的格式　32
6. 使用格式刷复制格式　32

第 2 章　Word 文档图文混排与审编　33

2.1　课堂案例：制作"业绩报告"文档　34
2.1.1　插入并编辑形状　35
2.1.2　创建表格　36
2.1.3　使用文本框　38
2.1.4　创建图表　40
2.1.5　插入并编辑图片　41
2.2　课堂案例：编排"员工手册"文档　42
2.2.1　插入封面　42
2.2.2　应用主题与样式　43
2.2.3　用大纲视图查看并编辑文档　46
2.2.4　使用题注和交叉引用　47
2.2.5　设置脚注和尾注　49
2.2.6　插入分页符与分节符　50
2.2.7　设置页眉与页脚　51
2.2.8　添加目录　52

2.3　课堂案例：审校"产品代理协议"
文档　53
2.3.1　使用文档结构图查看文档　54
2.3.2　使用书签快速定位目标位置　55
2.3.3　拼写与语法检查　56
2.3.4　统计文档字数或行数　57
2.3.5　添加批注　57
2.3.6　修订文档　58
2.3.7　合并文档　59
2.4　项目实训　60
2.4.1　制作宣传手册封面　60
2.4.2　制作"劳动合同"文档　62
2.4.3　编排及批注"岗位说明书"文档　63
2.5　课后练习　65

练习1：编排"行业代理协议书"文档　　65
练习2：审校"毕业论文"文档　　66

2.6 技巧提升　　67
1. 在Word中转换表格与文本　　67
2. 删除插入的对象　　67

3. 在"样式"列表框中显示或隐藏样式　　67
4. 将设置的样式应用于其他文档　　67
5. 设置页码的起始数　　68
6. 取消页眉上方的横线　　68
7. 设置批注人的姓名　　68

第3章　Word特殊版式设计与批量制作　69

3.1 课堂案例：编排"企业文化"文档　　70
3.1.1 分栏排版　　70
3.1.2 首字下沉　　71
3.1.3 设置双行合一　　72
3.1.4 合并字符　　72
3.1.5 设置页面背景　　73
3.1.6 预览并打印文档　　74

3.2 制作"信封"文档　　78
3.2.1 创建中文信封　　78
3.2.2 合并邮件　　80
3.2.3 批量打印信封　　82

3.3 项目实训　　82

3.3.1 编排"培训广告"文档　　83
3.3.2 制作"邀请函"文档　　84

3.4 课后练习　　85
练习1：制作"健康小常识"文档　　85
练习2：制作"产品售后追踪信函"文档　　86

3.5 技巧提升　　86
1. 改变默认文字方向　　86
2. 同时显示纵横向文字　　87
3. 创建标签　　87
4. 取消数据源中不需显示的相关记录　　87
5. 使用电子邮件发送文档　　87
6. 以正文形式发送邮件　　87

第4章　Excel基础操作　89

4.1 制作"预约客户登记表"工作簿　　90
4.1.1 新建工作簿　　90
4.1.2 选择单元格　　92
4.1.3 输入数据　　92
4.1.4 快速填充数据　　94
4.1.5 保存工作簿　　96

4.2 课堂案例：管理"车辆管理表格"
工作簿　　96
4.2.1 插入和重命名工作表　　97
4.2.2 移动、复制和删除工作表　　99
4.2.3 设置工作表标签颜色　　100
4.2.4 隐藏和显示工作表　　101
4.2.5 保护工作表　　102

4.3 项目实训　　103
4.3.1 制作"加班记录表"工作簿　　103
4.3.2 管理"员工信息登记表"工作簿　　104

4.4 课后练习　　105
练习1：制作"员工出差登记表"工作簿　　105
练习2：管理"日常办公费用登记表"
工作簿　　105

4.5 技巧提升　　106
1. 设置默认工作表数量　　106
2. 在多个单元格中同时输入数据　　106
3. 获取Excel 2010的帮助信息　　106
4. 设置Excel 2010文件自动恢复的保存位置　　106

第5章　Excel表格编辑与美化　107

5.1 课堂案例：编辑"产品报价单"
工作簿　　108
5.1.1 合并与拆分单元格　　108

5.1.2 移动与复制数据　　109
5.1.3 插入与删除单元格　　111
5.1.4 清除与修改数据　　112

5.1.5 查找与替换数据 112
5.1.6 调整单元格行高与列宽 113
5.1.7 套用表格格式 114
5.2 课堂案例：设置并打印"员工考勤表"
工作簿 115
5.2.1 设置字体格式 116
5.2.2 设置数据格式 117
5.2.3 设置对齐方式 118
5.2.4 设置边框与底纹 119
5.2.5 打印工作表 120
5.3 项目实训 123
5.3.1 制作"往来客户一览表"工作簿 123

5.3.2 美化"销售额统计表"工作簿 124
5.4 课后练习 125
练习1：编辑"通讯录"工作簿 125
练习2：打印"产品订单记录表"工作簿 126
5.5 技巧提升 126
1. 输入11位以上的数据 126
2. 将单元格中的数据换行显示 127
3. 使用自动更正功能 127
4. 在多个工作表中输入相同数据 127
5. 定位单元格的技巧 128
6. 打印显示网格线 128

第6章 Excel 数据计算与管理 129

6.1 课堂案例：计算"员工销售业绩奖金"
工作簿 130
6.1.1 使用公式计算数据 130
6.1.2 引用单元格 132
6.1.3 使用函数计算数据 133
6.2 课堂案例：登记并管理"生产记录表"
工作簿 137
6.2.1 使用记录单输入数据 138
6.2.2 数据筛选 140
6.3 管理"日常费用统计表"工作簿 142
6.3.1 数据排序 143
6.3.2 分类汇总 144
6.3.3 选择并分列显示数据 145

6.4 项目实训 147
6.4.1 制作"员工工资表"工作簿 148
6.4.2 管理"楼盘销售信息表"工作簿 149
6.5 课后练习 150
练习1：制作"员工培训成绩表"工作簿 151
练习2：管理"区域销售汇总表"工作簿 151
6.6 技巧提升 152
1. 用NOW函数显示当前日期和时间 152
2. 用MID函数从身份证号码中提取出生日期 152
3. 用COUNT函数统计单元格数量 153
4. 用COUNTIFS函数按多条件进行统计 153
5. 相同数据排名 153
6. 自定义排序 154

第7章 Excel 图表分析 155

7.1 课堂案例：分析"产品销量统计表"
工作簿 156
7.1.1 使用迷你图查看数据 156
7.1.2 使用图表分析数据 157
7.1.3 添加趋势线 161
7.2 课堂案例：分析"员工销售业绩图表"
工作簿 164
7.2.1 数据透视表的使用 164
7.2.2 数据透视图的使用 166
7.3 项目实训 169
7.3.1 制作"每月销量分析表"工作簿 169

7.3.2 分析"产品订单明细表"工作簿 170
7.4 课后练习 172
练习1：制作"年度收支比例图表"工作簿 172
练习2：分析各季度销售数据 172
7.5 技巧提升 173
1. 删除创建的迷你图 173
2. 更新或清除数据透视表的数据 173
3. 更新数据透视图的数据 173
4. 将图表另存为图片文件 173
5. 使用切片器 174

第 8 章 PowerPoint 幻灯片制作与编辑 175

8.1 课堂案例：制作"工作报告"
演示文稿 176
  8.1.1 新建演示文稿 176
  8.1.2 添加与删除幻灯片 177
  8.1.3 移动与复制幻灯片 178
  8.1.4 输入并编辑文本 179
  8.1.5 保存和关闭演示文稿 181
8.2 课堂案例：编辑"产品宣传"
演示文稿 182
  8.2.1 设置幻灯片中的文本格式 183
  8.2.2 在幻灯片中插入图片 184
  8.2.3 插入 SmartArt 图形 185

  8.2.4 插入艺术字 187
  8.2.5 插入表格与图表 188
  8.2.6 插入媒体文件 191
8.3 项目实训 193
  8.3.1 制作"入职培训"演示文稿 193
  8.3.2 编辑"市场调研报告"演示文稿 194
8.4 课后练习 195
  练习 1：制作"旅游宣传画册"演示文稿 196
  练习 2：编辑"公司形象宣传"演示文稿 196
8.5 技巧提升 197
  1. 插入相册 197
  2. 从外部导入文本 198

第 9 章 幻灯片设置与放映输出 199

9.1 课堂案例：设置"工作计划"
演示文稿 200
  9.1.1 设置页面大小 200
  9.1.2 使用母版编辑幻灯片 201
  9.1.3 添加幻灯片切换动画 203
  9.1.4 设置对象动画效果 204
9.2 课堂案例：放映输出"新品上市发布"
演示文稿 206
  9.2.1 放映幻灯片 207
  9.2.2 输出演示文稿 212

9.3 项目实训 214
  9.3.1 制作"楼盘投资策划书"演示文稿 214
  9.3.2 放映输出"年度工作计划"演示文稿 216
9.4 课后练习 217
  练习 1：制作"财务工作总结"演示文稿 217
  练习 2：输出"品牌构造方案"演示文稿 217
9.5 技巧提升 218
  1. 使用格式刷复制动画效果 218
  2. 放映时隐藏鼠标光标 218
  3. 观众自行浏览和在展台浏览（全屏幕） 218

第 10 章 综合案例 219

10.1 实训目标 220
10.2 专业背景 220
10.3 制作思路分析 220
10.4 操作过程 221
  10.4.1 使用 Word 制作年终报告文档 221
  10.4.2 使用 Excel 制作相关报告表格 223
  10.4.3 使用 PowerPoint 创建年终报告
    演示文稿 224
  10.4.4 在 PowerPoint 中插入文档和表格 226
10.5 项目实训 227
  10.5.1 使用 Word 制作"员工工作说明书"
    文档 227

  10.5.2 使用 Excel 制作"楼盘销售分析表"
    工作簿 228
  10.5.3 协同制作"营销计划"演示文稿 229
10.6 课后练习 230
  练习 1：协同制作"市场分析"演示文稿 230
  练习 2：协同制作"年终销售总结"
    并添加动画 231
10.7 技巧提升 232
  1. Word 文档制作流程 232
  2. Excel 电子表格制作流程 232
  3. PowerPoint 演示文稿制作流程 232

附录 233

附录 1 Office 常用快捷键 233
附录 2 Office 能力提升网站推荐 236

附录 3 PowerPoint 配色原则 238

CHAPTER 1

第1章
Word 基础与编辑美化

情景导入

　　米拉正式进入职场，获得"小白"的称号，这是因为她对于常用的办公软件 Office 都不甚了解。对于她接触的这份工作，Office 是使用频率最高也是最重要的软件之一。要让工作做得出色，米拉必须熟练掌握 Office，以便制作文档、表格和演示文稿，而这一切首先需要从 Word 入手。

学习目标

● 熟悉 Word 基本知识并掌握基础操作

　　熟悉 Word 工作界面，掌握启动与退出 Word、新建文档、输入文本、保存文档、保护文档和关闭文档等操作。

● 掌握编辑和美化文档的操作方法

　　掌握选择文本、修改与删除文本、移动与复制文本、查找与替换文本以及设置字体和段落格式、添加项目符号和编号、设置边框和底纹等操作。

案例展示

▲ "招标公告"文档效果

▲ "招聘启事"文档效果

1.1 Word 基础知识

米拉想要尽快学习 Word 文档编辑知识，决定向公司的前辈老洪请教，而老洪也"乐于为师"，对米拉给予帮助。老洪告诉米拉，"工欲善其事，必先利其器"，首先需要明白 Word 是一个功能强大的文字处理软件，主要用于对文字进行处理，制作图文并茂的文档，同时还可以进行长文档的审校和特殊版式编排。要掌握这一切操作，则必须从基础学起。

1.1.1 启动 Word 2010

在计算机中安装 Office 2010 后便可启动相应的组件，Word 2010、Excel 2010、PowerPoint 2010 的启动方法相同。下面以启动 Word 2010 为例进行讲解，主要有以下两种方法。

● **通过"开始"菜单启动：** 在桌面左下角单击按钮，选择【所有程序】/【Microsoft Office】/【Microsoft Word 2010】菜单命令，如图 1-1 所示。

● **双击计算机中存放的 Word 文件启动：** 在计算机中找到并打开已存放有相关 Word 文件的窗口，然后双击 Word 文档文件图标，即可启动软件并打开该文档，如图 1-2 所示。

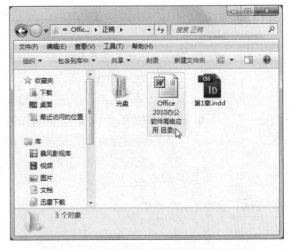

图 1-1　通过"开始"菜单启动　　　　图 1-2　双击计算机中存放的 Word 文件启动

创建快捷图标启动程序

在"开始"菜单中"Microsoft Word 2010"菜单命令上单击鼠标右键，在弹出的快捷菜单中选择"发送到"命令，在弹出的子菜单中选择"桌面快捷方式"命令可为 Word 软件创建桌面快捷图标，以后要启动该软件时，只需双击创建的桌面快捷图标即可。

1.1.2 熟悉 Word 2010 工作界面

启动 Word 2010 后，将打开如图 1-3 所示的工作界面。Word 2010 的工作界面主要由快速访问工具栏、标题栏、"文件"选项卡、"帮助"按钮功能选项卡、功能区、文档编辑区、状态栏、视图栏等部分组成，各部分的作用如下。

● **快速访问工具栏**：可以使用其中的工具快速执行相关操作，默认情况下，快速访问工具栏中只显示"保存"按钮 🔲、"撤销"按钮 、"恢复"按钮 。

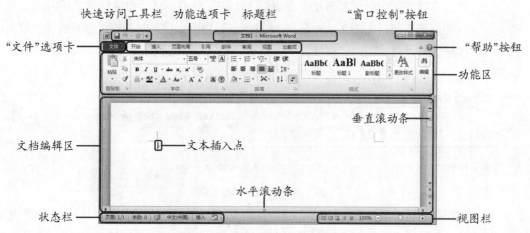

图 1-3　Word 2010 工作界面

● **标题栏**：用来显示文档名和程序名，并通过右侧的"窗口控制"按钮控制窗口大小，在其中单击"最小化"按钮 可缩小窗口到任务栏并以图标按钮显示；单击"最大化"按钮 则满屏显示窗口，且按钮变为"向下还原"按钮 ，再次单击该按钮将恢复窗口到原始大小。

● **"文件"选项卡**：是对文档执行操作的命令集。单击"文件"选项卡，左侧是功能选项卡，右侧是预览窗格，如图 1-4 所示，无论是查看或编辑文档信息，还是进行文件打印，都能在同一界面中查看到效果，极大地方便了用户对文档的管理。

● **"帮助"按钮** ：单击该按钮可打开相应组件的帮助窗口，如图 1-5 所示，在其中单击所需的超链接，或在"搜索"下拉列表中输入需查找的帮助信息，然后单击 搜索 按钮，在打开的窗口中再单击下级子链接，可查看相应的详细帮助信息。

图 1-4　"文件"选项卡

图 1-5　帮助窗口

● **功能选项卡**：Word 工作界面中集成了多个选项卡，每个选项卡代表 Word 执行的一组核心任务，并将其任务按功能不同分成若干个组，如"开始"选项卡中有"剪贴板"组、"字体"组、"段落"组等。

● **功能区**：功能选项卡与功能区是对应的关系，单击某个选项卡即可展开相应的功能区，在功能区中有许多自动适应窗口大小的工具组，每个组中包含了不同的命令、按钮或列表等，如图 1-6 所示。有的组右下角还会显示对话框扩展按钮，单击该按钮将打开对应的对话框或任务窗格进行更详细的设置。

"字体"下拉列表

命令按钮　　组　　　　　　　　　对话框扩展按钮

图 1-6　功能选项卡与功能区

● **文档编辑区**：用来输入和编辑文档内容的区域。文档编辑区中有一个不断闪烁的竖线光标"I"，即"文本插入点"，用于定位文本的输入位置。在文档编辑区的右侧和底部还有垂直和水平滚动条，当窗口缩小或编辑区不能完全显示所有文档内容时，可拖曳滚动条中的滑块或单击滚动条两端的小黑三角形按钮，使其内容显示出来。

● **状态栏**：位于窗口最底端的左侧，用于显示当前文档页数、总页数、字数、当前文档检错结果、语言状态等信息。

● **视图栏**：位于状态栏的右侧，在其中单击视图按钮组中相应的，按钮可切换视图模式；单击当前显示比例按钮100%，可打开"显示比例"对话框调整显示比例；单击⊖按钮、⊕按钮或拖曳滑块也可调节页面显示比例，方便用户查看文档内容。

通过鼠标滚轮快速缩放编辑区

　　按住【Ctrl】键，向上滚动鼠标滚轮，可放大文档编辑区，向下滚动鼠标滚轮，可缩小文档编辑区。

1.1.3　自定义 Word 工作界面

由于 Word 工作界面中的板块大部分是默认的，根据使用习惯和操作需要，用户可定义一个适合自己的工作界面，其中包括自定义快速访问工具栏、自定义功能区、视图模式等。

1. 自定义快速访问工具栏

为了操作方便，用户可在快速访问工具栏中添加常用的命令按钮或删除不需要的命令按钮，也可改变快速访问工具栏的位置，自定义快速访问工具栏，主要有以下 3 种。

● **添加常用命令按钮**：在快速访问工具栏右侧单击按钮，在弹出的列表中选择常用的命令选项，如选择"打开"选项，可将该命令按钮添加到快速访问工具栏中。

● **删除不需要的命令按钮**：在快速访问工具栏的命令按钮上单击鼠标右键，在弹出的快捷菜单中选择"从快速访问工具栏删除"命令可将相应的命令按钮从快速访问工具栏中删除，如图1-7所示。

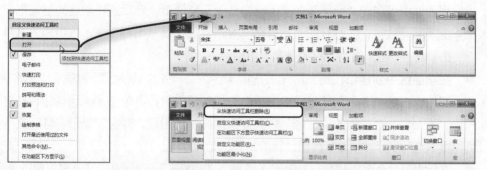

图1-7　在快速访问工具栏中添加或删除命令按钮

● **改变快速访问工具栏的位置**：在快速访问工具栏右侧单击▼按钮，在弹出的列表中选择"在功能区下方显示"选项可将快速访问工具栏显示到功能区下方；再次选择"在功能区上方显示"选项可将快速访问工具栏还原到默认位置。

通过"Word选项"对话框自定义快速访问工具栏

在Word 2010工作界面中单击"文件"选项卡，选择"选项"选项，在打开的"Word选项"对话框中单击"快速访问工具栏"选项卡，在其中也可根据需要自定义快速访问工具栏。

2. 自定义功能区

在Word 2010工作界面中用户可单击"文件"选项卡，选择"选项"选项，在打开的"Word选项"对话框中单击"自定义功能区"选项卡，在其中根据需要显示或隐藏相应的功能选项卡、创建新的选项卡、在选项卡中创建组和命令等，如图1-8所示。

图1-8　自定义功能区

- **显示或隐藏功能选项卡**：在"Word 选项"对话框的"自定义功能区"选项卡的"自定义功能区"列表框中单击选中或撤销选中相应主选项卡对应的复选框，即可在功能区中显示或隐藏相应的主选项卡。
- **创建新的选项卡**：在"自定义功能区"选项卡中单击 新建选项卡(W) 按钮，在"主选项卡"列表框中可创建"新建选项卡（自定义）"复选框，然后选择创建的复选框，再单击 重命名(M)... 按钮，在打开的"重命名"对话框的"显示名称"文本框中输入名称，单击 确定 按钮，将为新建的选项卡重命名。
- **在功能区中创建组**：选择新建的选项卡，在"自定义功能区"选项卡中单击 新建组(N) 按钮，在选项卡下创建组，然后单击选择创建的组，再单击 重命名(M)... 按钮，在打开的"重命名"对话框的"符号"列表框中选择一个图标，并在"显示名称"文本框中输入名称，单击 确定 按钮，将为新建的组重命名。
- **在组中添加命令**：选择新建的组，在"自定义功能区"选项卡的"从下列位置选择命令"列表框中选择需要添加的命令，然后单击 添加(A) >> 按钮即可将命令添加到组中。
- **删除自定义的功能区**：在"自定义功能区"选项卡的"自定义功能区"列表框中单击选中相应的主选项卡的复选框，然后单击 << 删除(R) 按钮即可将自定义的选项卡或组删除。若要一次性删除所有自定义的功能区，可单击 重置(E) ▼ 按钮，在弹出的列表中选择"重置所有自定义项"选项，在打开的提示对话框中单击 是(Y) 按钮。

3. 显示或隐藏文档中的元素

Word 的文本编辑区中包含多个元素，如标尺、网格线、导航窗格、滚动条等，编辑文本时可根据操作需要隐藏某些元素或将隐藏的元素显示出来。

- 单击"视图"选项卡，在"显示"组中单击选中或撤销选中标尺、网格线和导航窗格对应的复选框即可在文档中显示或隐藏相应的元素，如图 1-9 所示。
- 在"Word 选项"对话框中单击"高级"选项卡，向下拖曳对话框右侧的滚动条，在"显示"栏中单击选中或撤销选中 ☑ 显示水平滚动条(Z) 、☑ 显示垂直滚动条(V) 或 ☑ 在页面视图中显示垂直标尺(C) 对应的复选框，也可在文档中显示或隐藏相应的元素，如图 1-10 所示。

图 1-9　在"视图"选项卡中设置显示或隐藏　　图 1-10　在"Word 选项"对话框中设置显示或隐藏

1.1.4 退出 Word 2010

完成文档的编辑后，即可关闭窗口并退出程序。退出 Word 的方法非常简单，主要有以下两种。

● 在工作界面中单击"文件"选项卡，在弹出的列表中选择"退出"选项。
● 单击标题栏右侧的"关闭"按钮 ⊠。

1.2 课堂案例：创建"工作备忘录"文档

米拉第一天上班，老洪向他介绍了岗位工作职责和未来一周的工作事项。为了按时完成工作，米拉准备创建一份个人的"工作备忘录"文档，以便详细地记录自己的工作任务。为了加强个人信息保护，防止他人随意查看文档，米拉还为文档设置了密码保护。本例完成后的参考效果如图 1-11 所示。

效果所在位置 效果文件 \ 第 1 章 \ 课堂案例 \ 工作备忘录 .docx

图 1-11 "工作备忘录"文档效果

"工作备忘录"的内容和作用

本例中的工作备忘录属于个人备忘录，用于工作内容提示。工作备忘录一般包括标题、时间和事件 3 个主体内容。时间是备忘录记录工作内容的时间段；事件则是详细记录未来的工作事宜，在记录时，要注明具体时间，而工作内容则可概括描述。需要注意的是记录未来工作事宜，不要过于简单，否则容易忘记到底是什么样的事情。

职业素养

1.2.1 新建文档

启动 Word 2010 后，系统将自动新建一个名为"文档1"的空白文档，在其中可直接输入并编辑文本，用户也可新建更多空白文档分类存储相应的内容，或利用系统提供的多种格式和内容都已设计好的模板文档，快速生成各种具有专业样式的文档。

1. 新建空白文档

微课视频
新建空白文档

在实际操作中，有时需要在多篇空白文档中编辑文本，这时可以新建多个空白文档。下面启动 Word 2010，并新建一个名为"文档2"空白文档，其具体操作如下。

（1）启动 Word 2010，然后单击"文件"选项卡，在弹出的列表中，选择"新建"选项，在窗口中间的"可用模板"列表框中选择"空白文档"选项，在右下角单击"创建"按钮。

（2）系统将新建一个名为"文档2"的空白文档，如图1-12所示。

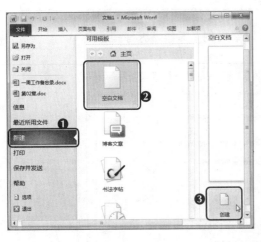

图 1-12　新建空白文档

2. 新建基于模板的文档

微课视频
新建基于模板的文档

Word 2010 提供了许多模板样式，如信函、公文等，还可从官方网站上下载更多类型的模板，创建基于模板样式的文档，只需稍作修改便可快速制作出需要的文档，从而节省设置时间。下面将从网站上下载并新建一个基于"备忘录"样式的模板文档，其具体操作如下。

（1）单击"文件"选项卡，在弹出的列表中选择"新建"选项，在窗口中间的"可用模板"列表框中拖曳垂直滚动条，在"Office.com 模板"栏中选择"备忘录"模板样式。

（2）Word 将快速在网站中搜索选择的模板样式，然后单击"下载"按钮。

（3）系统将下载该模板并新建文档，在其中用户可根据提示在相应的位置单击并输入新的文档内容，如图1-13所示。

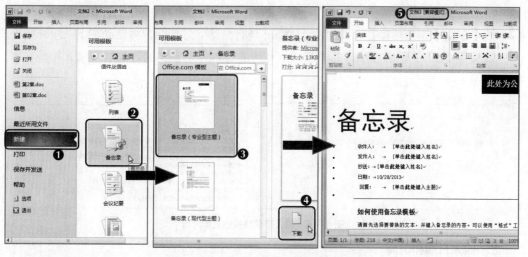

图 1-13　下载并新建"备忘录"模板文档

1.2.2　输入文本

在 Word 文档中不仅可以输入普通文本，还可以输入日期、时间、特殊符号等。

1. 输入普通文本

输入普通文本的方法非常简单，只需在文档编辑区的相应位置单击，待出现不停闪烁的文本插入点"I"后，在其位置即可开始输入文本。下面将在新建的空白文档中输入普通文本，其具体操作如下。

（1）在新建的空白文档中将鼠标光标移到要输入文本的位置，这里移到文档第一行中间空白处，此时鼠标光标变成 I 形状，双击鼠标，将文本插入点定位到第一行居中位置输入文本，这里输入"一周工作备忘录"，输入文本时，插入点会自动后移，如图 1-14 所示。

（2）按【Enter】键换行，继续输入文本"日期："，然后将鼠标光标移到下一行左侧的空白处，此时鼠标光标变成 I 形状，然后双击鼠标，将文本插入点定位到下一行的行首位置，输入文本"记录摘要："，如图 1-15 所示。

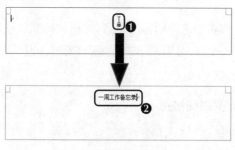

图 1-14　输入标题文本

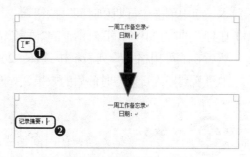

图 1-15　继续输入文本

（3）按【Enter】键换行，继续输入带有编号的文本"1. 熟悉公司文化、发展状况、业务范围和规章制度，并清楚自己的工作职责。"。

（4）按【Enter】键分段换行，此时由于 Word 具有自动编号功能，将自动在下一段开始处添加编号"2."，然后在编号后继续输入相应的文本。用相同的方法继续输入其他文本，如图 1-16 所示。

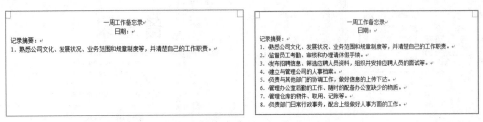

图 1-16　输入带有编号的文本内容

2. 输入日期和时间

要在 Word 2010 中输入当前日期和时间，可输入年份（如"2016年"）后按【Enter】键，但该方法只能输入如"2016 年 10 月 8 日星期二"的格式。要插入其他格式的日期与时间，则需使用"日期和时间"对话框。下面在文档中插入相应的日期与时间，其具体操作如下。

微课视频

输入日期和时间

（1）在文档的"日期："文本后单击插入文本插入点，输入"2016年"，按【Enter】键输入"2016 年 8 月 22 日星期一"的日期格式（表示当天的日期），然后在其后直接输入日期"2016 年 8 月 26 日星期五"，如图 1-17 所示。

图 1-17　输入默认的日期格式

（2）在文档的"记录摘要："文本后按【Enter】键换行，然后单击"插入"选项卡，在"文本"组中单击"日期和时间"按钮 。

（3）在打开的"日期和时间"对话框的"语言"下拉列表中选择所需的语言，这里保持默认设置，然后在"可用格式"列表框中选择"2016-8-22"选项，单击 确定 按钮，返回文档中可看到插入日期与时间后的效果，如图 1-18 所示。

知识提示

自定义时间格式

要输入所需的时间格式，也可在"日期和时间"对话框的"语言"下拉列表框中选择所需的语言，在"可用格式"列表框中选择所需的时间格式，如"12:39:14 PM"，完成后单击 确定 按钮应用设置。

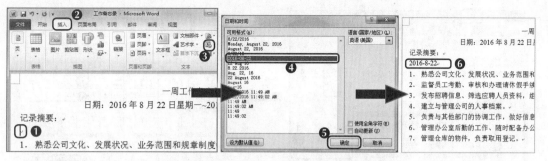

图1-18　使用"日期和时间"对话框输入所需的日期格式

（4）将鼠标光标移到编号"8."的下一行左侧的空白处，此时鼠标光标变成I形状，然后双击鼠标，将文本插入点定位到下一行的行首位置，并输入日期"2016-8-23"。

（5）用输入文本和输入日期的方法继续在文档中输入其他日期与文本内容，如图1-19所示。

记录摘要： 2016-8-22 1. 熟悉公司文化、发展状况、业务范围和规章制度等，并清楚自己的工作职责 2. 监督员工考勤、审核和办理请休假手续。 3. 发布招聘信息、筛选应聘人员资料，组织并安排应聘人员的面试等。 4. 建立与管理公司的人事档案。 5. 负责与其他部门的协调工作，做好信息的上传下达。 6. 管理办公室后勤的工作、随时配备办公室缺少的物资 7. 管理仓库的物件，负责取用登记。 8. 负责部门日常行政事务，配合上级做好人事方面的工作。 2016-8-23	2016-8-24 1. 购买5台电脑(财务部2台、工程部3台)。 2. 盛诚地产的小明来电有1500平方米的地方，看看是否合适？ 多少、是否临街、上下楼层在做什么用、以前是做什么的、这栋楼是什么楼等。 2016-8-25、 1. 将未整理的员工纸质档案进行电子扫描。 2. 总公司收发的物件要做好登记工作，登记的越详细，到时查阅起来越方便。 3. 通知工程部小沈来办公室领取文件和工程部的制度牌7件包括(警示牌、安标、安全帽贴、台账封面、制度牌、项目经理牌、安全生产标语)。 2016-8-26、 1. 向公司寄邮件，并提前通知对方的人及时收取。 2. 公司要招聘销售方面的人才，发布招聘信息，筛选出应聘人员资料汇报给人力资源部。 3. 组织一次座谈会议，讨论公司新制度。

图1-19　继续输入日期与文本内容

3. 输入特殊符号

文档中普通的标点符号可直接通过键盘输入，而一些特殊的符号则需通过"符号"对话框输入。下面在文档中输入符号"〖 〗"，其具体操作如下。

（1）在文档中的日期"2016-8-26"下一行的"公司"文本前单击定位文本插入点，然后单击"插入"选项卡，在"符号"组中单击"符号"按钮Ω，在弹出的列表中选择"其他符号"选项。

（2）在打开的"符号"对话框的列表框中选择符号"〖"选项，然后单击 插入 按钮将该符号插入到文档中，如图1-20所示。

微课视频

输入符号

使用软键盘输入符号

利用软键盘也可输入各类符号，其方法为：在输入法状态条的软键盘图标上单击鼠标右键，在弹出的快捷菜单中选择符号类型，在打开的软键盘中可看到该符号类型下的所有特殊符号，将鼠标光标移到要输入的字母键上，当其变为形状时单击该符号或按键盘上相应的键即可输入所需符号。

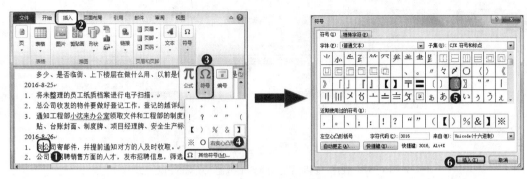

图 1-20　选择需插入的符号

（3）继续在"符号"对话框中选择其他符号，这里选择"》"选项，然后单击 插入(I) 按钮，完成后再单击 关闭 按钮关闭该对话框，返回文档，在插入的两个符号之间输入公司名称"XX"，效果如图 1-21 所示。

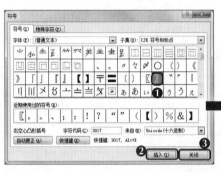

图 1-21　输入符号

1.2.3　保存文档

为了方便以后查看和编辑，应将创建的文档保存到计算机中。若需对已保存过的文档进行编辑，但又不想影响原来文档中的内容，则可以将编辑后的文档另保存。下面将前面编辑的文档以"工作备忘录"为名进行保存，其具体操作如下。

微课视频

保存文档

（1）单击"文件"选项卡，在弹出的列表中选择"保存"选项。

（2）在打开的"另存为"对话框的左上角的列表框中依次选择相应的保存路径，然后在"文件名"列表框中输入文档名称"工作备忘录"，完成后单击 保存(S) 按钮。

（3）在工作界面的标题栏上即可看到文档名发生变化，如图 1-22 所示，另外，在计算机中相应的位置也可找到保存的文件。

多学一招

另存文档

单击"文件"选项卡，在弹出的列表中选择"保存"选项，打开"另存为"对话框，可将已经保存的文档另存到其他位置，或为文档设置不同的名称，保存在同一位置。

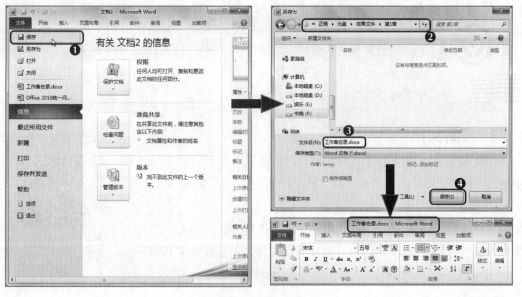

图 1-22　保存文档

1.2.4　保护文档

在 Word 文档中为了防止他人随意查看文档信息，可通过加密文档对其进行保护。下面在"工作备忘录"文档中设置打开文档的密码为"123456"，其具体操作如下。

（1）单击"文件"选项卡在弹出的列表中选择"信息"选项，在窗口中间位置单击"保护文档"按钮 🔒，在打开的下拉菜单中选择"用密码进行加密"选项。

（2）在打开的"加密文档"对话框的文本框中输入密码"123456"，然后单击 确定 按钮，在打开的"确认密码"对话框的文本框中再次输入密码"123456"，然后单击 确定 按钮，完成后的效果如图 1-23 所示。

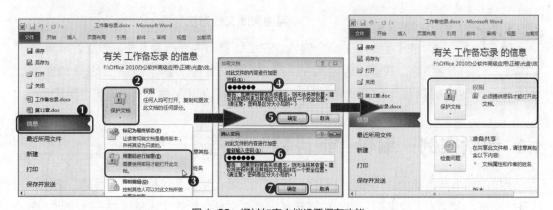

图 1-23　通过加密文档设置保存功能

（3）单击任意选项卡返回为文档编辑界面，在快速访问工具栏中单击"保存"按钮 🔲 保存设置。关闭该文档，再次打开时将打开"密码"对话框，在文本框中输入密码，然后单击 确定 按钮才能打开该文档。

密码设置技巧

设置文档密码保护时，最好使用由字母、数字、符号组合的密码。密码长度应大于或等于 6 个字符。另外，记住密码也很重要，若忘记文档打开密码，文档将无法打开。

1.2.5 关闭文档

在文档中完成文本的输入与编辑，并将其保存到计算机中后，若不想退出程序，可关闭当前编辑的文档。下面关闭"工作备忘录"文档，其具体操作如下。

微课视频

关闭文档

（1）单击"文件"选项卡，在弹出的列表中选择"关闭"选项。

（2）若打开的文档有多个，将只关闭当前文档，若打开的文档只有一个，关闭文档后 Word 工作界面将显示如图 1-24 所示的效果。

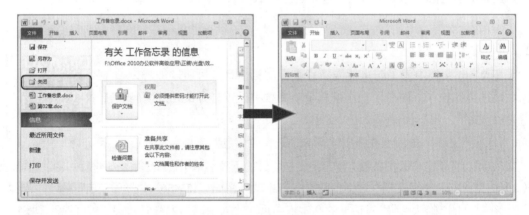

图 1-24 关闭文档

其他关闭文档方法

按【Alt+F4】组合键，或在工作界面的左上角双击 W 图标，或单击 W 图标，在弹出的列表中选择"关闭"选项，或在标题栏的任意位置单击鼠标右键，在弹出的快捷菜单中选择"关闭"命令都可关闭文档。

1.3 课堂案例：编辑"演讲稿"文档

米拉的同事准备参加公司销售经理岗位竞聘，于是让米拉帮忙编辑"演讲稿"文档，为演讲做准备。老洪为米拉支招，要完成该任务需要在文档中检查文本错误并进行修改或删除多余的文字等。同事将演讲稿的草稿内容发送给米拉看，米拉便开始着手编辑"演讲稿"，编辑完成后的参考效果如图 1-25 所示。

素材所在位置 素材文件＼第1章＼课堂案例＼演讲稿 .docx
效果所在位置 效果文件＼第1章＼课堂案例＼演讲稿 .docx

尊敬的各位领导、评委、同事们：

大家好！

我叫××，今天很高兴能站在这里竞聘销售经理。下面我将从三个方面展开竞聘演讲。

一、我的个人情况

我于 20××年毕业于××大学，20××年 7 月参加工作到 20××年 7 月，在客户服务部门有过一年的工作经验，20××年 7 月底加入销售部门至今。在工作中我不断向经验丰富的领导和同事们学习，经过不懈的努力在思想觉悟和业务水平上都有了很大的进步和提高。同时，在生活中我是一个自信、活泼、开朗的人。

二、我的任职优势

大家肯定会问，这样的一个你，凭什么能够成为销售经理呢？下面我将从三点阐述我的优势，让大家对我有更深地认识。

1. 较强的沟通能力。大家都知道，销售部门是一个整天跟客户打交道的部门，每天对着各行各业、形形色色的客户，如果没有较强的沟通能力，根本不能维持客户关系，与客户保持良好的交流合作，那对于销售提升以及客户维护都非常不利。另外，由于我在客户服务部门有近一年的客户投诉处理经验和技巧，使我的沟通能力得到了极大提升，对于突发事件的异常处理也有自己的一套方法，面对棘手问题，能够保持冷静。有次成都的客户打热线投诉，称自己要向媒体曝光我司，当时情况紧急，但通过我和客户的交流沟通，客户打消了曝光的念头，我们的谈话在融洽的气氛中结束。

2. 较强的执行力。公司内部每天都会出不同的差错，外部每天都会有投诉，究其原因，不外乎就是没有按照流程办事，没有依照制度执行，最终都是公司的利益受损。我的工作职责所接触到的事物，让我养成了高度执行的习惯。我的原则是：在学习中执行，在执行中反馈，在反馈后创新。

图 1-25　"演讲稿"文档效果

职业素养

"演讲稿"对演讲者的指导意义

演讲稿是演讲的依据。演讲稿能够帮助演讲者确定演讲的目的和主题，其作用主要是帮助演讲者组织内容；表达演讲者的思想感情；提示演讲的具体内容；消除演讲者紧张恐慌的心理；限定演讲的进度，一篇好的演讲稿会为成功演讲奠定基础。

1.3.1　打开文档

要查看或编辑保存在计算机中的文档，必须先打开该文档，打开文档可使用多种方法实现，可以在保存文档的位置双击文件图标打开，也可以在 Word 工作界面中打开所需文档。下面以在工作界面中打开"演讲稿"文档为例进行讲解，其具体操作如下。

微课视频

打开文档

（1）启动 Word 2010，然后单击"文件"选项卡，在弹出的列表中选择"打开"选项，或按【Ctrl+O】组合键。

（2）在打开的"打开"对话框上方的"路径"列表框中选择文件路径，在中间的列表框中选择文件，完成后单击 打开(O) 按钮打开所选的文档，如图 1-26 所示。

图 1-26　打开文档

1.3.2　选择文本

当需要对文档内容进行修改、删除、移动与复制、查找与替换等编辑操作时，必须先选择要编辑的文本。在 Word 中选择文本的方法有以下几种。

- **选择任意文本**：在需要选择文本的开始位置单击定位文本插入点，然后按住鼠标左键不放并拖曳到文本结束处释放鼠标，选择后的文本呈蓝底黑字显示，如图 1-27 所示。

- **选择一行文本**：除了用选择任意文本的方法拖曳选择一行文本外，还可将鼠标光标移动到该行左边的空白位置，当鼠标光标变成◢形状时单击鼠标，即可选择整行文本，如图 1-28 所示。

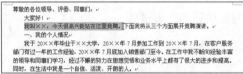

图 1-27　选择任意文本

图 1-28　选择一行文本

- **选择一段文本**：除了用选择任意文本的方法拖曳选择一段文本外，还可将鼠标光标移动到段落左边的空白位置，当鼠标光标变为◢形状时双击鼠标，或在该段文本中任意位置用鼠标连续单击 3 次，即可选择整段文本，如图 1-29 所示。

- **选择整篇文档**：在文档中将鼠标光标移动到文档左边的空白位置，当鼠标光标变成◢形状时，用鼠标连续单击 3 次；或将文本插入点定位到文本的起始位置，按住【Shift】键不放，单击文本末尾位置；或直接按【Ctrl+A】组合键，即可选择整篇文档，如图 1-30 所示。

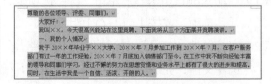

图 1-29　选择一段文本　　　　　　　　　　图 1-30　选择整篇文档

1.3.3　修改与删除文本

　　在 Word 文档中可对输入错误的文本内容进行修改，修改文本的方式主要有插入文本、改写文本、删除不需要的文本等。

1. 插入或改写文本

　　在文档中若漏输入了相应的文本，或需修改输入错误的文本，可分别在插入和改写状态下完成。下面在"演讲稿"文档中插入并改写文本，其具体操作如下。

微课视频

插入或改写文本

（1）默认状态下，在状态栏中可看到 插入 按钮，表示当前文档处于插入状态，将文本插入点定位在第 3 行第 1 个"竞聘"文本后，输入文本"销售经理"，文字后面的内容将随鼠标光标自动向后移动，如图 1-31 所示。

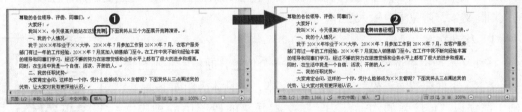

图 1-31　插入文本

（2）在状态栏中单击 插入 按钮切换至改写状态，将文本插入点定位到"××主管"文本前，输入文本"销售经理"，原来的文本"××主管"被输入的文本"销售经理"替换，如图 1-32 所示。

图 1-32　改写文本

2．删除不需要的文本

如果文档中输入了多余或重复的文本，可使用删除操作将不需要的文本从文档中删除。下面在"演讲稿"文档中删除不需要的文本，其具体操作如下。

（1）将文本插入点定位到第一页倒数第 3 行的"最后，"文本后，然后按住鼠标左键不放并拖曳到文本"准备好，"处释放鼠标。

（2）按【Delete】键删除选择的文本，如图 1-33 所示。若未选择文本，则按【Delete】键可删除文本插入点后的文本，按【Back Space】键可删除文本插入点前的文本。

图 1-33　删除不需要的文本

1.3.4　移动与复制文本

通过移动操作可将文档中某部分文本内容移动到另一个位置，改变文本的先后顺序；若要保留原文本内容的位置不变，并复制该文本内容到其他位置，可通过复制操作在多个位置输入相同文本，避免重复输入操作。

1．移动文本

移动文本是指将选择的文本移动到另一个位置，原位置将不再保留该文本。下面在"演讲稿"文档中移动文本，其具体操作如下。

（1）选择以"1. 较强的沟通能力。"文本开头的段落中的相应文本，单击"开始"选项卡，在"剪贴板"组中单击"剪切"按钮 ✂。

（2）将文本插入点定位到该段落的段尾位置，在"开始"选项卡的"剪贴板"组中单击"粘贴"按钮 📋，如图 1-34 所示。

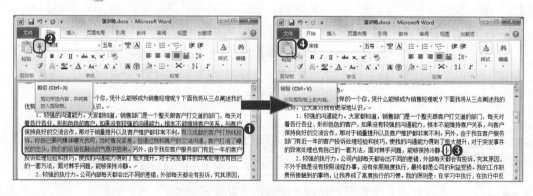

图 1-34　剪切并粘贴文本

（3）完成移动文本后的效果如图 1-35 所示。

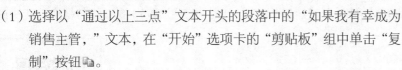

二、我的任职优势

大家肯定会问，这样的一个你，凭什么能够成为销售经理呢？下面我将从三点阐述我的优势，让大家对我有更深地认识。

1. 较强的沟通能力。大家都知道，销售部门是一个整天跟客户打交道的部门，每天对着各行各业、形形色色的客户，如果没有较强的沟通能力，根本不能维持客户关系，与客户保持良好的交流合作，那对于销量提升以及客户维护都非常不利。另外，由于我在客户服务部有近一年的客户投诉处理经验和技巧，使我的沟通能力得到了极大提升，对于突发事件的异常处理也有自己的一套方法，面对棘手问题，能够保持冷静。有次成都的客户打热线投诉，称自己要向媒体曝光我司，当时情况紧急，但通过我和客户的交流沟通，客户打消了曝光的念头，我们的谈话在融洽的气氛中结束。

2. 较强的执行力。公司内部每天都会出不同，外部每天都会有投诉，究其原因，

图 1-35　移动文本后的效果

多学一招

拖动或使用组合键移动文本

选择需要移动的文本，按住鼠标左键不放将其拖曳到目标位置，或按【Ctrl+X】组合键，将选择的文本剪切到剪贴板中，然后将文本插入点定位到目标位置后，按【Ctrl+V】组合键粘贴文本。

2. 复制文本

复制文本与移动文本相似，只是移动文本后，原位置将不再保留该文本，而复制文本后，原位置仍保留该文本。下面在"演讲稿"文档中复制文本，其具体操作如下。

微课视频

复制文本

（1）选择以"通过以上三点"文本开头的段落中的"如果我有幸成为销售主管，"文本，在"开始"选项卡的"剪贴板"组中单击"复制"按钮 。

（2）将文本插入点定位到以"我会以人为本"文本开头段落的段首位置，然后在"开始"选项卡的"剪贴板"组中单击"粘贴"按钮 ，如图 1-36 所示。

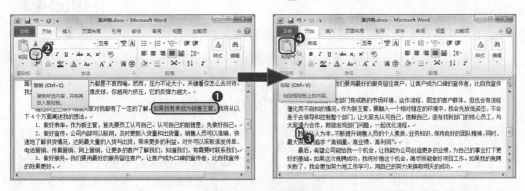

图 1-36　复制并粘贴文本

多学一招

拖动或使用组合键复制文本

选择需要复制的文本，按住【Ctrl】键并按住鼠标左键不放将其拖曳到目标位置，或按【Ctrl+C】组合键，将选择的文本复制到剪贴板中，然后将文本插入点定位到目标位置后，按【Ctrl+V】组合键粘贴文本。

（3）完成复制文本后的效果如图 1-37 所示。

3. 做好服务。我们要用最好的服务留住客户，让客户成为口碑的宣传者，比自我宣传的效果更好。

4. 优化流程。老部门有成熟的市场环境、运作流程、固定的客户群体，但也会有流程僵化而不自知的情况。作为新主管，要融入一个相对稳定的环境中，我会先放低姿态，不会急于去领导和控制整个部门，让大家先认可自己，信赖自己，逐渐找到部门的核心员工，与大家通力合作，鼓励发现部门问题，一起优化流程。

如果我有幸成为销售主管，我会以人为本，不断提升销售人员的个人素质、业务知识、保持良好的团队精神，同时，最 📋(Ctrl) 求 "高销量、高业绩、高利润"。

最后，希望公司能给我一个机会，让我能为公司创造更多的业绩，为自己的事业打下更好的基础。如果这次竞聘成功，我将珍惜这个机会，竭尽所能做好项目工作。如果我的竞聘失败了，我会更加努力地工作学习，用自己的努力来换取明天的成功。

图 1-37　复制文本后的效果

知识提示

"粘贴选项"按钮的作用

移动与复制文本后，文字旁边都会出现一个"粘贴选项"按钮 📋(Ctrl) ，单击该按钮，在弹出的列表中可以选择不同的粘贴方式，如保留源格式、合并格式和只保留文本等。

1.3.5　查找与替换文本

在一篇长文档中要查看某个字词的位置，或是将某个字词全部替换为另外的字词，如果逐个查找并修改将花费大量的时间，且容易漏改，此时可使用 Word 的查找与替换功能快速完成。

1．查找文本

使用查找功能可以在文档中查找任意字符，如中文、英文、数字和标点符号等。下面在"演讲稿"文档中查找文本"主管"，其具体操作如下。

微课视频

查找文本

（1）将文本插入点定位到文档的开头位置，然后单击"开始"选项卡，在"编辑"组中单击 🔍 查找 按钮右侧的 ▾ 按钮，在弹出的列表中选择"高级查找"选项。

（2）在打开的"查找和替换"对话框的文本框中输入"主管"文本，然后单击 查找下一处(F) 按钮，系统将查找文本插入点后第一个符合条件的内容，如图 1-38 所示。

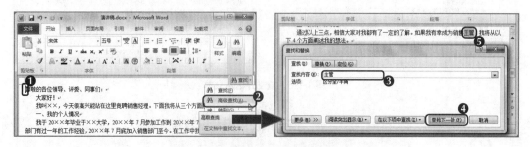

图 1-38　查找第一个符合条件的文本

（3）单击 在以下项中查找(I)▾ 按钮，在弹出的列表中选择"主文档"选项，系统将自动在文档中查找相应的内容，并在对话框中显示出与查找条件相匹配的文本内容的总数目，如图 1-39 所示。

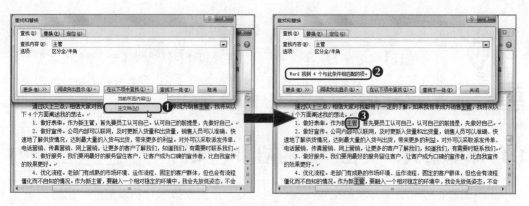

图 1-39　查找文档中符合条件的所有文本

2．替换文本

替换文本就是将文档中查找到的内容，修改为另一个字或词。下面在"演讲稿"文档中将"主管"文本替换为"经理"，其具体操作如下。

（1）将文本插入点定位到文档的开头位置，然后在"开始"选项卡的"编辑"组中单击 🔧 替换 按钮。

（2）打开"查找和替换"对话框，在"替换"选项卡的"查找内容"下拉列表中保持"主管"文本不变，在"替换为"列表中输入替换后的"经理"文本，然后单击 替换(R) 按钮，Word 自动在文本中找到从文本插入点位置开始第一个符合条件的内容并呈选择状态，再次单击该按钮可将其替换为"经理"，如图 1-40 所示。

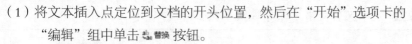

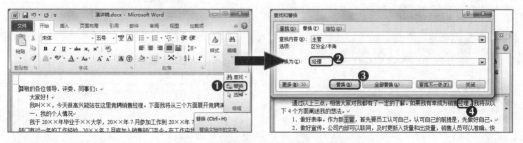

图 1-40　替换第一个符合条件的文本

（3）单击 全部替换(A) 按钮，可将文档中所有的"主管"文本替换成"经理"，并打开提示对话框提示替换的数量，单击 确定 按钮确认替换内容。

（4）关闭对话框，返回文档中，可看到替换文本后的效果，如图 1-41 所示。

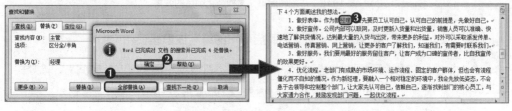

图 1-41　替换所有符合条件的文本

设置替换条件

按【Ctrl+H】组合键可打开"查找和替换"对话框的"替换"选项卡，在其中单击 更多(M)>> 按钮，可展开更多搜索选项，如设置查找时区分大小写、使用通配符、是否查找带有格式的文本等。

1.4 课堂案例：美化"招聘启事"文档

公司近来业务量增加，准备招聘一位销售总监，于是安排米拉将以前的"招聘启事"文档进行美化处理，制作出精美的效果，期望吸引到优秀的人才。公司领导明确规定，招聘内容要主次分明、效果美观。米拉很快摸索出方法，美化后的参考效果如图1-42所示。

素材所在位置 素材文件 \ 第1章 \ 课堂案例3\ 招聘启事.docx
效果所在位置 效果文件 \ 第1章 \ 课堂案例3\ 招聘启事.docx

创新科技有限责任公司招聘

创新科技有限责任公司是以数字业务为龙头，集电子商务、系统集成、自主研发为一体的高科技公司。公司集中了大批高素质的、专业性强的人才，立足于数字信息产业，提供专业的信息系统集成服务、GPS应用服务。在当今数字信息化高速发展的时机下，公司正虚席以待，诚聘天下英才。

招聘岗位：
销售总监　1人
招聘部门：销售部
要求学历：本科以上
薪酬待遇：面议
工作地点：北京海淀区
职位要求：
四年以上国内IT、市场综合营销管理经验；
熟悉电子商务，具有良好的行业资源背景；
具有大中型项目开发、策划、推进、销售的完整运作管理经验；
极强的市场开拓能力、沟通和协调能力强，敬业，有良好的职业操守。
联系电话：010-51686***
应聘信箱：chuangxin@163.com
联系人：张先生、梁小姐

创新科技有限责任公司招聘

创新科技有限责任公司是以数字业务为龙头，集电子商务、系统集成、自主研发为一体的高科技公司。公司集中了大批高素质的、专业性强的人才，立足于数字信息产业，提供专业的信息系统集成服务、GPS应用服务。在当今数字信息化高速发展的时机下，公司正虚席以待，诚聘天下英才。

◇ 招聘岗位：
➤ 销售总监　1人
➤ 招聘部门：销售部
➤ 要求学历：本科以上
➤ 薪酬待遇：面议
➤ 工作地点：北京海淀区
◇ 职位要求：
1. 四年以上国内IT、市场综合营销管理经验；
2. 熟悉电子商务，具有良好的行业资源背景；
3. 具有大中型项目开发、策划、推进、销售的完整运作管理经验；
4. 极强的市场开拓能力、沟通和协调能力强，敬业，有良好的职业操守。

联系电话：010-51686***
应聘信箱：chuangxin@163.com
联系人：张先生、梁小姐

图1-42　"招聘启事"文档美化前后的效果

"招聘启事"的编写注意事项

在编写招聘文档前，需要先了解公司需要招聘的职位、时间、招聘方式、地点、薪水和职位要求等，以方便求职者参考。在制作招聘启事这类文档时，内容要简明扼要，直截了当地说明需求，内容主要包括标题、要求、对象的专业及人数、待遇、应聘方式等具体事务。

1.4.1 设置字体格式

微课视频

设置字体格式

默认情况下在文档中输入的字体都是软件默认的样式。不同的文档需要不同的字体格式，因此在完成文本输入后，可以对文本的字体格式进行设置，包括文字的字体、字号和颜色等，文档的字体格式一般通过"字体"组、"字体"对话框或浮动工具栏进行设置。下面在"招聘启事"文档中使用不同的方法设置文本的字体格式，其具体操作如下。

（1）打开素材文档"招聘启事.docx"，选择标题文本，将鼠标光标移动到浮动工具栏上，在"字体"列表框中选择"华文琥珀"选项，如图 1-43 所示。

（2）在"字号"列表框中选择"二号"选项，如图 1-44 所示。

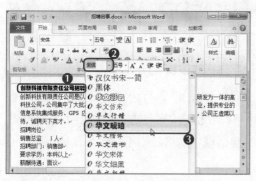

图 1-43　设置字体

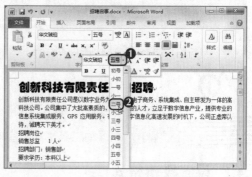

图 1-44　设置字号

（3）选择标题中的"招聘"文本内容，单击"开始"选项卡，在"字体"组的"字号"列表框中选择"小初"选项，如图 1-45 所示。

（4）保持文本选择状态，在"字体"组中单击"倾斜"按钮 I，然后单击"颜色"按钮 ▲，在弹出的列表中选择"红色"图标，如图 1-46 所示。

图 1-45　设置字号

图 1-46　设置字形与文字颜色

（5）选择正文文本内容，在"字体"组中将字号设置为"四号"，然后按【Ctrl】键，选择"招聘岗位："和"职位要求："文本内容，单击鼠标右键，在弹出的右键快捷菜单中选择"字体"命令。

（6）打开"字体"对话框的"字体"选项卡，在"字形"列表框中选择"加粗"选项，在"字号"列表框中选择"三号"选项，在"字体颜色"下拉列表中选择"红色"选项，完成后单击 确定 按钮即可看到效果，如图 1-47 所示。

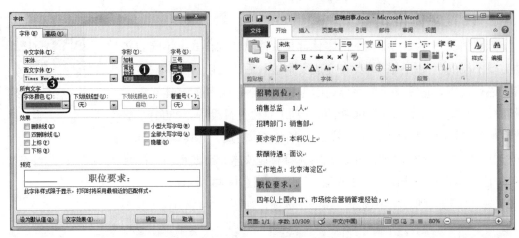

图 1-47　通过"字体"对话框设置字体格式

其他字体格式设置

　　在"字体"组中单击"下划线"按钮 U，可为文本设置下划线，单击"增大字体"按钮 A 或"缩小字体"按钮 A 可将选择的文字字号增大或缩小，在浮动工具栏和"字体"对话框中均可找到相应设置选项。

1.4.2　设置段落格式

微课视频

设置段落格式

　　段落是指文字、图形、其他对象的集合。回车符"↵"是段落的结束标记。通过设置段落格式，如设置段落对齐方式、缩进、行间距、段间距等，可以使文档的结构更清晰、层次更分明。段落格式的设置通常通过"段落"组和"段落"对话框来实现。下面在"招聘启事"文档中设置文本的段落格式，其具体操作如下。

（1）选择标题文本，在"段落"组中单击"居中"按钮，如图 1-48 所示。

（2）选择最后三行文本，在"段落"组中单击"右对齐"按钮，如图 1-49 所示。

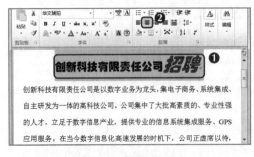

图 1-48　设置居中对齐

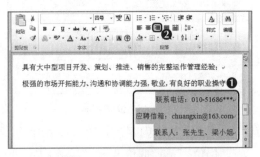

图 1-49　设置右对齐

（3）选择除标题和最后三行的文本内容，在"段落"组右下角单击"对话框扩展"按钮。

（4）打开"段落"对话框，在"缩进和间距"选项卡的"特殊格式"下拉列表中选择"首行缩进"选项，其后的"磅值"数值框中将自动显示数值为"2 字符"，完成后单击 确定 按钮，返回文档中，设置首行缩进后的效果如图 1-50 所示。

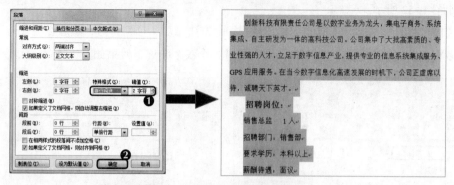

图 1-50 在"段落"对话框设置首行缩进

（5）选择第 1 段文本，打开"段落"对话框，选择"缩进和间距"选项卡，在"行距"下拉列表中选择"最小值"选项，然后在其后的"设置值"数值框中输入"0 磅"，完成后单击 确定 按钮。

（6）缩小行间距后，在"字体"组中单击"增大字体"按钮 A 增大一个字号，然后使用相同方法，将最后三行文本内容行距设置为"0 磅"，并增大字号，效果如图 1-51 所示。

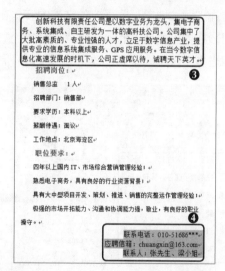

图 1-51 设置行间距并增加字号效果

1.4.3 设置项目符号和编号

使用项目符号与编号，可为属于并列关系的段落添加●、★、◆等项目符号，也可添加"1. 2. 3."或"A. B. C."等编号，还可组成多级列表，使文档层次分明、条理清晰。下面在"招聘启事"文档中添加项目符号和编号，其具体操作如下。

（1）选择"招聘岗位"文本，按住【Ctrl】键，同时选择"职位要求"文本。

微课视频

设置项目符号和编号

（2）在"段落"组中单击"项目符号"按钮 ☰ 右侧的 ▾ 按钮，在弹出的列表框中选择"◇"图标，如图 1-52 所示。

（3）选择"招聘岗位："下方的文本，使用相同方法添加 ▷ 项目符号，然后在"段落"组中多次单击"增加缩进"按钮 ☰，向右缩进多个汉字距离，效果如图 1-53 所示。

 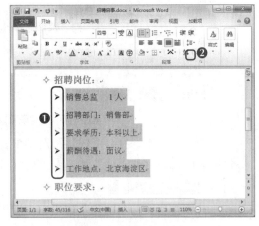

图 1-52　添加项目符号　　　　　　　　　　　图 1-53　添加项目符号并增加缩进量

（4）选择"职位要求："下方的文本内容，在"段落"组中单击"编号"按钮 ☰ 右侧的 ▾ 按钮，在弹出的列表框中选择"1. 2. 3."选项，然后多次单击"增加缩进"按钮 ☰，向右缩进多个汉字的距离，效果如图 1-54 所示。

图 1-54　设置编号效果

1.4.4　设置边框与底纹

　　在 Word 文档的编辑过程中，为文档设置边框和底纹可以突出文本重点，并达到美化的目的，但在实际操作过程中，不宜设置繁杂的底纹或边框效果。下面在"招聘启事"文档中为"招聘岗位："下的文本添加底纹，为"职位要求："下的文本设置边框，其具体操作如下。

（1）选择"招聘岗位："下方的文本，在"段落"组中单击"底纹"

微课视频

设置边框与底纹

按钮 ，在弹出的列表中选择"深蓝，文字 2，深色 25%"图标，添加底纹效果如图 1-55 所示。

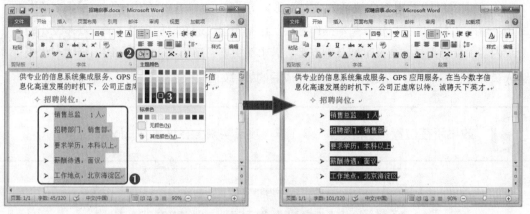

图 1-55　为字符设置底纹

（2）选择"职位要求："下方的文本，在"段落"组中单击"边框和底纹"按钮 ，在弹出的列表中选择"边框和底纹"选项。

（3）打开"边框和底纹"对话框，在"边框"选项卡的"设置"栏中选择"阴影"选项，在"颜色"下拉列表中选择"深蓝，文字 2，深色 25%"选项，在"宽度"下拉列表框中选择"0.25 磅"选项，单击 确定 按钮，完成后，将文本插入点定位到"联系电话"文本内容前，按【Enter】键换行，设置边框后的效果如图 1-56 所示。

图 1-56　设置边框

1.5　项目实训

本章通过创建"工作备忘录"、编辑"演讲稿"文档和美化"招聘启事"文档三个课堂案例，讲解了文档的基本编辑和美化操作，其中打开文档、输入文本、修改文本等，是日常办公中使用 Word 最基本的操作，应熟练掌握；替换文本、设置字体和段落格式、添加项目符号和编号则是 Word 必备知识点，应重点学习和把握。下面通过两个项目实训，将本章学习的知识灵活运用。

1.5.1 创建"会议通知"文档

微课视频

创建"会议通知"文档

1. 实训目标

本实训的目标是制作会议通知文档，要求掌握启动与退出 Word 2010、输入文本、保存文档等基本操作方法。在制作会议通知时应包括会议内容、参会人员、会议时间及地点等，若事情重要，还可加上"参会人员务必自觉遵守"等文本。本实训完成后的效果如图 1-57 所示。

 效果所在位置 效果文件\第 1 章\项目实训\会议通知 .docx

公司周例会通知

公司各部门：
为了规范公司会议管理、提高会议质量、促进工作开展、加强部门间的沟通与交流，现将公司周例会管理通知如下：
一、会议形式：周例会。
二、会议时间：2016 年 10 月 14 日星期一早上 8:30。
三、会议地点：公司二楼会议室。
四、参会人员：公司分管领导、相关部门领导。
五、会议要求：（1）请参会人员在周一 8:30 准时参加会议；（2）会议期间需关闭电话或调制静音，不得看报纸、杂志或做与会议内容不相干的事情。
六、奖惩规定：无故不参加周例会者公司将给予 200 元/次的罚款处罚。
以上要求请参会人员务必自觉遵守，谢谢大家的配合与支持。

特此通知

XX 有限公司
2016-10-12

图 1-57 "会议通知"最终效果

2. 专业背景

会议通知是上级对下级、组织对成员或平行单位之间部署工作、传达事情或召开会议等所使用的应用文。通知的写法有两种：一种以布告形式贴出，把事情通知到相关人员，如学生、观众等，通常不用称呼；另一种以书信的形式，发给相关人员，会议通知写作形式同普通书信一样，只要写明通知的具体内容即可。会议通知的标题、正文和结尾的写作格式如下。

- **标题：**有完全式和省略式两种，完全式包括制发机关、事由和通知；省略式，如《关于 ××× 的通知》，简单的通知内容，也可只写"通知"两字。
- **正文：**包括通知前言和通知主体，通知前言即制发通知的理由、目的、依据，如"为了解决 ××× 的问题，经 ××× 批准，现将 ×××，通知如下。"；通知主体则需写出通知事项，分条列项，条目分明。
- **结尾：**可意尽言止，不单写结束语；也可在前言和主体之间，用"特此通知"结尾；还可再次以明确主题的段落描写。

3. 操作思路

完成本实训需要先启动 Word，然后在新建的文档中输入文本内容，完成后保存文档并退出 Word，其操作思路如图 1-58 所示。

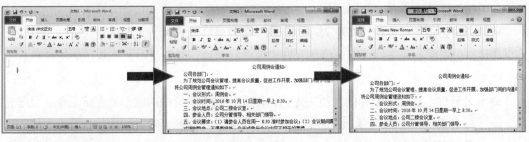

①启动 Word　　　　　　②输入文本内容　　　　　　③保存文档

图 1-58　"会议通知"文档的制作思路

【步骤提示】

（1）单击 按钮，选择【所有程序】/【Microsoft Office】/【Microsoft Word 2010】菜单命令启动 Word 2010。

（2）在新建的"文档 1"空白文档中使用即点即输功能确定文本的对齐方式，并按顺序输入相应的文本内容。

（3）在文档中单击"文件"选项卡，在弹出的列表中选择"保存"选项，在弹出的列表中选择"保存"选项，在打开的"另存为"对话框中将其以"会议通知"为名进行保存。

（4）在标题栏右侧单击"关闭"按钮 退出 Word 2010。

1.5.2　编辑"招标公告"文档

1. 实训目标

微课视频

编辑"招标公告"
文档

本实训的目标是编辑"招标公告"文档，通过实训可让读者掌握文档的编辑与美化方法，包括替换文本、移动文本，设置文本的字体和段落格式，以及在文档中添加编号等操作。本实训的最终效果如图 1-59 所示。

素材所在位置　素材文件\第 1 章\项目实训\招标公告 .docx
效果所在位置　效果文件\第 1 章\项目实训\招标公告 .docx

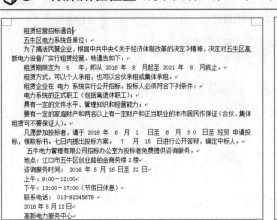

图 1-59　"招标公告"对比效果

2. 专业背景

招标公告是指招标单位或招标人在进行科学研究、技术攻关、工程建设、合作经营或商品交易时，公布标准和条件，提出价格和要求等项目内容，以期从中选择承包单位或承包人的一种文书。

● **公开性**：这是由招标的性质决定的。因为招标本身是横向联系的经济活动，凡是招标者需要知道的内容，如招标时间、招标要求、注意事项，都应在招标公告中予以公开说明。

● **紧迫性**：因为招标单位和招标者只有在遇到难以完成的任务和急需及解决的问题时，才需要外界协助。而且要在短期内尽快解决，如果拖延，势必影响工作顺利完成，这就决定了招标公告具有紧迫性的特点。

另外，招标公告通常由标题、标号、正文和落款 4 部分组成。因为招标公告是公开招标时发布的一种周知性文书，因此需要公布招标单位、招标项目、招标时间、招标步骤及联系方法等内容，以吸引投标者参加投标。

3. 操作思路

完成本实训首先要替换"通告"文本内容，将落款日期移动到署名上方；然后更改标题和正文的字体与段落格式，并为涉及日期和时间等的内容上添加下划线；最后设置文档编号即可。其操作思路如图 1-60 所示。

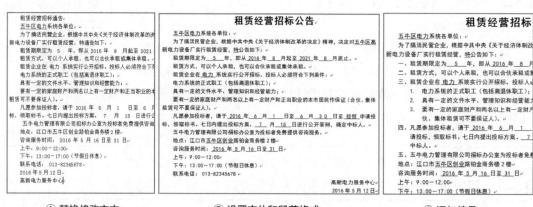

① 替换修改文本　　　② 设置字体和段落格式　　　③ 添加编号

图 1-60　"招标公告"文档的制作思路

【步骤提示】

（1）将"通告"文本替换为"公告"文本内容，将落款署名移到落款日期上方

（2）将文档标题的字体设置为"黑体"，将格式设置为"小二、居中、加粗"，将落款设置为"右对齐"。

（3）依次为涉及的日期和时间等特殊内容添加下划线。

（4）为公告正文内容添加编号。

（5）为公告中"投标人符合条件"下的内容添加下一级编号，并增加文本缩进量。

1.6 课后练习

本章主要介绍了制作 Word 文档的必备基础操作，包括 Word 2010 基础知识、编辑和美化文档的操作方法，下面通过两个练习的制作，让读者对制作各类 Word 文档有基本的了解。

 素材所在位置 素材文件\第1章\课后练习\会议安排.docx
效果所在位置 效果文件\第1章\课后练习\厂房招租.docx、会议安排.docx

厂房招租

现有厂房独栋单一层，位于成都市金牛区交大路××号，总占地面积约 2500 平方米，最小可分租约 1000 平方米，厂房形象良好，交通便利，环境优美！

- ✓ 厂房长宽：40*63 米
- ✓ 层高：7.5 米
- ✓ 网柱：8*20 米
- ✓ 配电：80kva

厂房空地面积十分大，适合做组装、加工、机械、物流、电子等各种行业。请有意者与李先生联系，价格面议。

联系人：李先生
电话：1395625****
2016 年 10 月 8 日

图 1-61 "厂房招租"最终效果

创新科技有限责任公司
会议安排

时间：2016-10-8
地点：第一会议室
主持人：章涛（总经理助理）
出席会议的人员：所有办公室人员

会议目的：讨论公司新制度

8:50 签到
9:00 宣布开会
9:00 上次会议总结
9:30 自由发言
　1. 发言人：王展庭，议题：关于公司业务提成的建议
　2. 发言人：张小义，议题：关于简化公司工作流程的建议
　3. 发言人：史怡，议题：关于公司奖惩制度的建议
10:30 新业务讨论
　1. 发言人：梁波，议题：本周工作汇报及下周工作计划
　2. 发言人：孙碧云，议题：提高工作效率的几点意见
　3. 发言人：李海燕，议题：关于新产品的市场开拓问题
11:30 会议结束

图 1-62 "会议安排"最终效果

练习 1：创建"厂房招租"文档

下面将创建"厂房招租.docx"文档，输入文本内容，并根据需要设置文档格式，完成后的效果如图 1-61 所示。

要求操作如下。

- 快速新建空白文档，并输入文本内容。
- 设置标题文本的格式为"汉仪粗宋简、二号、加粗"，段落对齐方式为"居中"，正文内容字号为"四号"，正文段落格式为"首行缩进"，最后三行段落对齐方式为"右对齐"。
- 选择相应的文本内容设置项目符号"✓"。

练习 2：编辑"会议安排"文档

打开"会议安排.docx"文档，移动和修改文本内容，然后对文档进行编辑美化，完成设置的对比效果如图 1-62 所示。

要求操作如下。

- 打开"会议安排.docx"文档，将"目的：讨论公司新制度"

微课视频

创建"厂房招租"文档

微课视频

编辑"会议安排"文档

文本移到发言文本内容的上方。将 9:30 的第一个发言人“孙碧云”修改为“王展庭”。

- 设置标题文本格式为“方正准圆简体，二号”，段落对齐方式为“居中”，正文内容的字号为“四号”，并在“会议目的”行设置边框与底纹。
- 在“发言人”文本前添加编号“1. 2. 3.”。

1.7 技巧提升

1. 设置文档自动保存

为了避免在编辑数据时遇到停电或死机等突发事件造成数据丢失的情况，可以设置自动保存功能，即每隔一段时间后，系统将自动保存所编辑的数据。其方法为：在工作界面中，单击“文件”选项卡，在弹出的列表中选择“选项”选项，在打开的对话框中单击“保存”选项卡，在右侧单击选中“保存自动恢复信息时间间隔”复选框，在其后的数值框中输入间隔时间，然后单击确定按钮即可。注意自动保存文档的时间间隔设置的太长容易造成不能及时保存数据；设置太短又可能因频繁的保存而影响数据的编辑，一般以 10 ~ 15 分钟为宜。

2. 删除为文档设置的保护

要删除设置的文档保护密码，可先打开已设置保护功能的文档，单击“文件”选项卡，在弹出的列表中选择“信息”选项，在窗口中间位置单击“保护文档”按钮，在弹出的列表中选择“用密码进行加密”选项，在打开的“加密文档”对话框中选择要删除的密码，并按【Delete】键，完成后单击确定按钮即可。

3. 修复并打开被损坏的文档

在 Word 中单击“文件”选项卡，在弹出的列表中选择“打开”选项，在打开的对话框中选择需修复并打开的文档，单击打开(O)按钮右侧的按钮，在弹出的列表中选择“打开并修复”选项。

4. 快速选择文档中相同格式的文本内容

此时可利用“文本定位”功能选择文本，文本定位是指让用户能快速找到文档中自己需要找到的位置，对相应的内容进行编辑操作。其方法为：在文档的“开始”选项卡的“编辑”组中单击选择按钮，在弹出的列表中选择“选择格式相似的文本”选项即可在整篇文档中选择相同样式的文本内容。

5. 清除文本或段落中的格式

选择已设置格式的文本或段落，在“开始”选项卡的“字体”组中单击“清除格式”按钮，即可清除选择文本或段落的格式。

6. 使用格式刷复制格式

选择带有格式的文字后在“开始”选项卡的“剪贴板”组中单击“格式刷”按钮，可只复制一次格式；双击“格式刷”按钮可复制多次格式，且完成后需再次单击“格式刷”按钮取消格式刷状态。另外，在复制格式时，若选择了段落标记，将复制该段落中的文字和段落格式到目标文字段落中，若只选择了文字，则只将文字格式复制到目标文字段落中。

CHAPTER 2

第 2 章
Word 文档图文混排与审编

情景导入

　　米拉是公司的"老"员工了，一般文档的编辑和排版当然不在话下。最近公司的很多重担都落在她身上，如制作业绩报告、改编员工手册等，米拉开始有点慌张。怎样制作出图文并茂的效果，对于长文档的目录该怎么做，怎么让各标题拥有相同的格式……看来必须活到老、学到老。

学习目标

● 掌握图文混排的操作方法

　　掌握形状的插入与编辑、表格的创建、文本框的使用、图表的创建和图片的插入与编辑等操作。

● 掌握编排长文档的操作方法

　　掌握应用样式与主题、使用大纲视图、插入分页符与分节符、设置页眉与页脚、添加目录与索引等操作。

● 掌握审校长文档的操作方法

　　掌握使用文档结构图、使用书签定位目标位置、拼写与语法检查、统计文档字数、添加批注、修订文档、合并文档等操作。

案例展示

▲ "员工手册"文档效果　　　　　▲ "产品代理协议"文档效果

2.1 课堂案例：制作"业绩报告"文档

月末到来，米拉知道又该制作公司销售部本的月度业绩报告表了，这次领导要求米拉在报告表中实现图文并茂的效果，能一眼看出谁是本月的业绩第一名。米拉向老洪请教，老洪随即指导到，所谓图文并茂地展示文档，无非是在文档中添加图片、表格、图表等对象，既能突出展示内容，也能起到美化作用。本案例完成后的文档效果如图 2-1 所示。

素材所在位置 素材文件 \ 第 2 章 \ 课堂案例 \logo.tif
效果所在位置 效果文件 \ 第 2 章 \ 课堂案例 \ 业绩报告 .docx

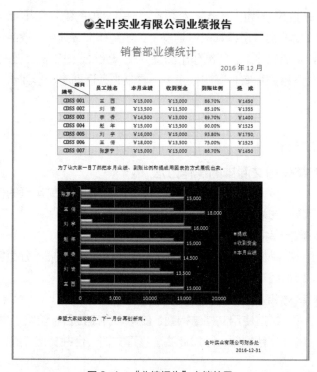

图 2-1 "业绩报告"文档效果

职业素养

"业绩报告"的制作要领

业绩报告是常见的办公文档，要通过数据"说话"，展示业绩。数据一般不宜通过文字形式表达，最好通过表格和图表展示。公司不同，销售的产品不同，每个表格包含的内容也有所不同。本销售报告主要体现每个员工的销售业绩、到账比例和提成等，整个表格用浅绿色作为底色，显得清新、自然。

2.1.1 插入并编辑形状

为了使办公文档更具观赏性，Word 2010 中提供了多种形状绘制工具，使用这些工具可绘制出如线条、正方形、椭圆、箭头等图形，然后可对其进行编辑美化。并且，形状中可以输入和编辑文本内容，使文本内容突出并随意移动位置。下面通过新建"业绩报告"文档并插入形状，讲解形状的编辑方法，其具体操作如下。

（1）启动 Word 2010，在新建的空白文档中，输入文档标题，并将标题格式设置为"黑体""二号""加粗、居中"显示，然后将文档保存为"业绩报告 .docx"。

（2）单击"插入"选项卡，在"插图"组中单击"形状"按钮，在弹出的列表中选择"矩形"形状，如图 2-2 所示。

（3）当鼠标光标变成＋形状，将鼠标光标移动到标题文本下方，然后按住鼠标左键不放并向右下角拖曳鼠标，绘制出所需的形状，如图 2-3 所示。

图 2-2　插入矩形

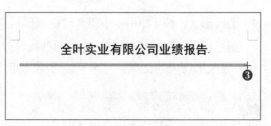

图 2-3　绘制矩形

（4）完成绘制后，单击"格式"选项卡，在"大小"组的"高度"文本框中将形状高度设置为"0.1厘米"，然后在形状样式组中单击形状填充按钮，在弹出的列表中选择"深蓝，文字 2，深色 25%"选项，设置形状颜色如图 2-4 所示。

（5）在"形状样式"组中单击形状轮廓按钮，在弹出的列表中选择"无轮廓"选项，取消轮廓，如图 2-5 所示。

图 2-4　编辑形状

图 2-5　取消轮廓

（6）使用相同方法，在下方绘制矩形，然后在矩形形状上单击鼠标右键，在弹出的快捷菜单中选择"添加文字"命令。

（7）输入"销售部业绩统计"文本内容，然后将鼠标光标移动到形状上，单击鼠标选择形状，在"字体"组中设置字号为"二号"，文本颜色为"橄榄色，强调文字颜色 3"，如图 2-6 所示。

（8）在形状样式组中单击 形状填充 按钮，在弹出的列表中选择"无填充颜色"选项，单击 形状轮廓 按钮，在弹出的列表中选择"无轮廓"选项，如图 2-7 所示。

图 2-6　输入文字　　　　　　　　　　　图 2-7　取消填充和轮廓

（9）选择形状，按【Ctrl+C】组合键复制形状，按【Ctrl+V】组合键粘贴，然后将鼠标光标移到形状上，当鼠标光标变为 ✛ 形状时，拖动鼠标将复制的形状移动到图 2-8 所示位置。

（10）修改形状内的文本，将字号设置为"四号"，完成后的效果如图 2-9 所示。

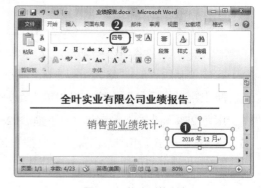

图 2-8　复制移动形状　　　　　　　　　图 2-9　修改形状文本

2.1.2　创建表格

如果制作的 Word 文档除了文字内容外，还包含大量数据信息，此时就需要在其中插入表格来进行归类管理，使文档更加专业化。在 Word 中插入表格后，输入数据内容，然后进行编辑美化，使其更加美观合理。

1．插入表格

在文档中创建表格前，首先需明确要插入多少行多少列的表格，然后快速插入。下面在"业绩报告"文档中插入 6 行 8 列的表格，其具体操作如下。

（1）将鼠标光标移到时间文本"2016 年 12 月"的下方，双击鼠标定位文本插入点。

微课视频

插入表格

（2）单击"插入"选项卡，选择"表格"组，单击"表格"按钮▦，在弹出的列表中按住鼠标左键并拖动，当列表中显示的表格列数和行数为"6×8"时，释放鼠标，如图 2-10 所示。

（3）返回文档，在文本插入点处自动插入 6 列 8 行表格，如图 2-11 所示。

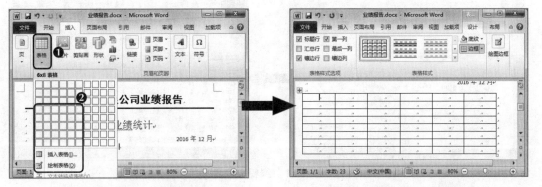

图 2-10 选择插入行数和列数   图 2-11 插入的表格效果

对话框插入表格

单击"表格"按钮▦，在弹出的列表中选择"插入表格"选项，打开"插入表格"对话框，在"行数"和"列数"数值框中输入行数和列数，也可插入对应行列数的表格。

2. 编辑表格

在文档中插入所需表格后，即可输入数据信息，然后对表格进行编辑美化，使表格与文档协调，数据突出显示。下面在"业绩报告"文档插入的表格中输入数据，并对表格进行编辑美化，其具体操作如下。

（1）插入表格后，在单元格中单击鼠标定位文本插入点，然后输入数据，如图 2-12 所示。

（2）将鼠标光标移到表格任意单元格上，表格左上角将显示➕图标，单击该图标，将选中整个表格，然后单击"设计"选项卡，选择"表格样式"组，在中间的列表框中选择"浅色网格，强调文字颜色 3"选项，如图 2-13 所示，应用表格样式。

微课视频

编辑表格

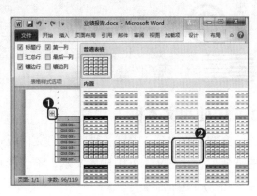

图 2-12 输入数据   图 2-13 应用表格样式

（3）将鼠标光标移到左上角第一个单元格上，当光标变为 形状时单击鼠标，选中该单元格，单击"设计"选项卡，选择"表格样式"组，单击 边框 按钮，在弹出的列表中选择"斜下框线"选项，添加表头斜线，如图2-14所示。

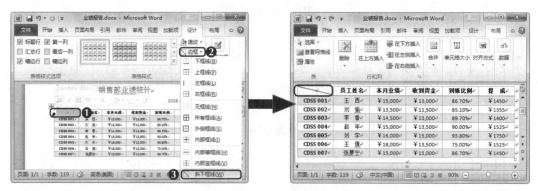

图 2-14　绘制表头斜线

（4）将鼠标光标移到第一行单元格的横线下方，当鼠标光标变为 形状时，按住鼠标左键不放，向下拖动鼠标，增大第一行单元格行高，如图2-15所示。

（5）将插入点定位到第一行第二个单元格中，然后向右拖动鼠标，选择第一行单元格，然后单击"布局"选项卡，选择"对齐方式"组，单击"水平居中"按钮 ，如图2-16所示。

图 2-15　调整行高　　　　图 2-16　设置对齐方式

表格的编辑汇总

在文档中创建表格后，其编辑美化操作主要通过"设计"和"布局"选项卡完成，包括插入单元格、合并单元格、设置对齐方式以及调整行高和列宽等，其方法与在Excel中编辑操作相同。

2.1.3　使用文本框

文本框在Word中是一种特殊的文档版式，它可以被置于页面中的任何位置，在文本框中输入文本，不会影响文本框外的其他对象，使文档布局更加合理美观。

微课视频

使用文本框

（1）在文档中单击"插入"选项卡，选择"文本"组，单击"文本框"按钮，在弹出的列表中选择"绘制文本框"选项，如图 2-17 所示。

（2）将鼠标光标移到所需位置，当鼠标光标变为 ✛ 形状时，拖动鼠标绘制文本框，如图 2-18 所示。

图 2-17　选择"绘制文本框"选项

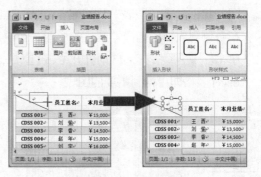

图 2-18　绘制文本框

插入内置和竖排文本框

　　单击"插入"选项卡，单击"字体"组，单击"文本框"按钮，在弹出的列表中可选择 Word 预设好样式的文本框。选择"绘制竖排文本框"选项可绘制竖排文本框，输入的文字呈竖排显示。

（3）在文本框中输入"项目"文本，单击"开始"选项卡，单击"字体"组，将文本格式设置为"黑体、加粗"，在文本框边框上单击鼠标选择该文本框，在【格式】/【形状样式】组中单击"形状填充"按钮，在弹出的列表中选择"无填充颜色"选项，单击"形状轮廓"按钮，在弹出的列表中选择"无轮廓"选项，如图 2-19 所示。

（4）保持文本框的选中状态，拖动鼠标将文本框移动到表格第一个单元格斜线合适位置。

（5）使用相同方法，绘制一个文本框，输入"编号"，效果如图 2-20 所示。

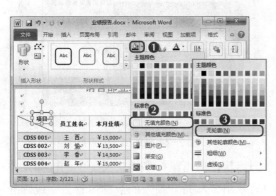

图 2-19　编辑文本框

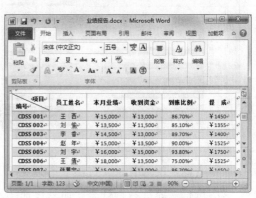

图 2-20　绘制文本框并输入文本

2.1.4 创建图表

在文档中除了可以创建表格外，数据内容还可通过图表展示，使用户对数据一目了然，更加直观地观察数据变化趋势。下面在"业绩报告"文档中创建图表展示业绩数据，其具体操作如下。

（1）在表格下方输入第2段文本，然后单击"插入"选项卡，选择"插图"组，单击"图表"按钮，打开"插入图表"对话框，单击"条形图"选项卡，在右侧列表框中选择"簇状条形图"选项，如图 2-21 所示。

（2）单击 确定 按钮，自动打开 Excel 窗口，在表格中输入如图 2-22 所示的数据，关闭 Excel 表格即可得到需要的图表。

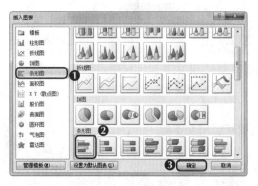

图 2-21　选择图表类型

图 2-22　输入数据

（3）保持图表的选中状态，单击"设计"选项卡，选择"图表样式"组，在中间的列表框中选择"样式 42"选项，如图 2-23 所示。

（4）单击图表中的绘图区，单击"格式"选项卡，选择"形状样式"组，单击"形状填充"按钮，在弹出的列表中选择"无填充颜色"选项，取消绘图区背景颜色，如图 2-24 所示。

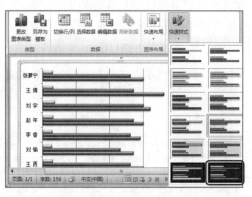

图 2-23　应用图表样式

图 2-24　取消绘图区背景颜色

（5）单击蓝色的形状条，选中"本月业绩"系列形状，单击鼠标右键，在弹出的快捷菜单中选择"添加数据标签"命令，在图表中显示出"本月业绩"的数据信息，完成后的效果如图 2-25 所示。

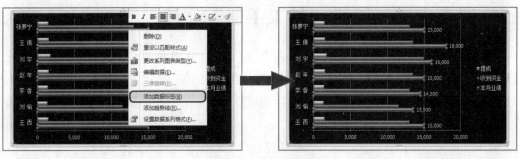

图 2-25　显示数据标签

2.1.5　插入并编辑图片

微课视频

插入并编辑图片

用户在文档中进行事物的展示、说明等，有时可插入相应的图片，使内容更具有说服力、更加直观。下面在"业绩报告"文档中插入公司的 logo 图片，制作出完善专业的文档，其具体操作如下。

（1）单击"插入"选项卡，选择"插图"组，单击"图片"按钮，打开"插入图片"对话框，打开图片的保存位置，然后双击图片，如图 2-26 所示。

（2）此时图片到插入到文本定位点处，单击鼠标右键，在弹出的快捷菜单中选择"自动换行"命令，在弹出的子菜单中选择"浮于文字上方"命令，将图片的显示方式设置为"浮于文字上方"，如图 2-27 所示。

图 2-26　插入图片

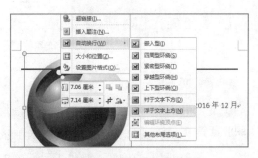

图 2-27　更改图片显示方式

（3）将鼠标光标移到图片右下角，当鼠标光标变为形状时，拖动鼠标缩小图片，拖动时，鼠标光标将变为"十字"形状，如图 2-28 所示。

（4）将鼠标光标移到图片上，当鼠标光标变为形状时，按住鼠标左键不放，拖动鼠标移动图片位置，如图 2-29 所示。

图 2-28　调整图片大小

图 2-29　移动图片位置

2.2　课堂案例：编排"员工手册"文档

米拉自从知道改编员工手册的任务落在自己的身上，就开始恶补各种知识。总体说来，包括两方面的知识，一是员工手册本身的内容，像公司制度、公司编辑员工手册的目的等。二是 Word 软件操作的内容，像样式的制作、提取目录、设置页眉页脚等。特别是样式和目录，米拉还是第一次遇到。"历经九九八十一难"，米拉终于完成文档的编辑，效果如图 2-30 所示。看着效果米拉笑了，因为她知道这些不能忽略一个人的指导，他当然是老洪。

素材所在位置　素材文件＼第 2 章＼课堂案例＼员工手册 .docx
效果所在位置　效果文件＼第 2 章＼课堂案例＼员工手册 .docx

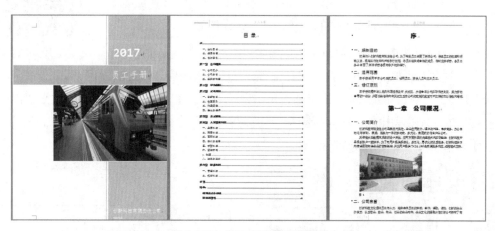

图 2-30　"员工手册"文档效果

认识"员工手册"

职业素养

员工手册是员工的行动指南，它包含企业内部的人事制度管理规范、员工行为规范等。员工手册承载着树立企业形象，传播企业文化的功能。不同的公司，其员工手册的内容可能不相同，但总体说来员工手册大概包含手册前言、公司简介、手册总则、培训开发、任职聘用、考核晋升、员工薪酬、员工福利、工作时间和行政管理等内容。

2.2.1　插入封面

在编排如员工手册、报告和论文等长文档时，在文档的首页设置一个封面非常有必要。此时用户除了制作封面外，还可利用 Word 提供的封面库快速插入精美的封面。下面在"员工手册"文档中插入"运动型"封面，其具体操作如下。

微课视频

插入封面

（1）打开素材文档"员工手册 .docx"，单击"插入"选项卡，在"页"组中单击"封面"按钮 ，在弹出的列表中选择"运动型"选项，如图 2-31 所示。

（2）在文档的第一页插入封面，然后再键入文档标题、公司名称、选择日期模块并输入相应的文本。

（3）删除"作者"模块，然后选择公司名称模块中的内容，在"开始"选项卡的"字体"组中设置字号为"小二"，如图 2-32 所示。

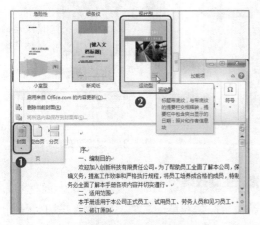

图 2-31　插入封面

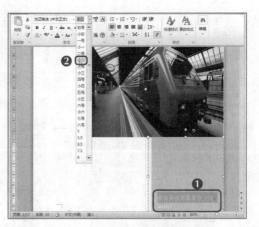

图 2-32　修改封面

 **知识提示**

快速删除封面

若对文档中插入的封面效果不满意或需要删除当前封面，可在"插入"选项卡的"页"组中单击"封面"按钮，在弹出的列表中选择"删除当前封面"选项。

2.2.2　应用主题与样式

在 Word 中分别提供了封面库、主题库和样式库，它们包含了预先设计的各种封面、主题和样式，这样使用起来非常方便。

1．应用主题

当需要对文档中的颜色、字体、格式、整体效果保持某一主题标准时，可将所需的主题应用于整个文档。下面在"员工手册"文档中应用"新闻纸"主题，其具体操作如下。

微课视频

应用主题

（1）单击"页面布局"选项卡，在"主题"组中单击"主题"按钮，在弹出的列表中选择"穿越"选项，如图 2-33 所示。

（2）返回文档，文档中的封面和组织结构图的整体效果发生了改变，如图 2-34 所示。

 **知识提示**

通过主题无法改变字体等格式的原因

由于本文档中的文字全部都是正文，没有设置其他格式或样式，所以无法通过主题的形式快速改变整个文档的文字。在下一小节中讲解样式的使用后，通过主题可快速改变通过样式设置的文档字体。

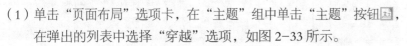
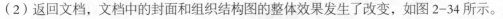

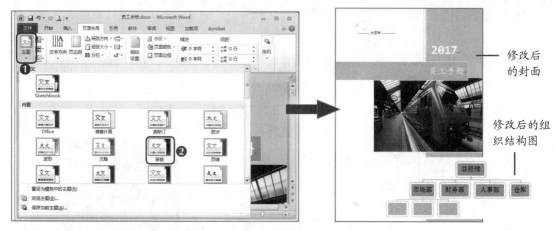

图 2-33　选择主题　　　　　　　　　　图 2-34　发生改变的文档

修改主题效果

　　在"主题"组中单击"主题颜色"按钮■▼、"主题字体"按钮▲▼、"主题效果"按钮◉▼，在弹出的列表中选择所需的命令，还可分别更改当前主题的颜色、字体和效果。

2. 应用并修改样式

　　样式即文本字体格式和段落格式等特性的组合。在排版中应用样式可以提高工作效率，使用户不必反复设置相同的文本格式，只需设置一次样式即可将其应用到其他相同格式的所有文本中。下面在"员工手册"文档中应用"标题 1"样式、"标题 2"样式，然后修改"标题 2"的样式，其具体操作如下。

微课视频

应用并修改样式

（1）选择正文第一行"序"文本，或将鼠标光标定位到该行，在"开始"选项卡的"样式"组的列表框中单击▽按钮，在弹出的列表中选择"标题 1"选项，如图 2-35 所示。

（2）用相同的方法在文档中为每一章的章标题、"声明"文本、"附件："文本应用样式"标题 1"，效果如图 2-36 所示。

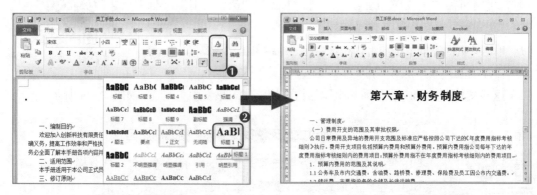

图 2-35　选择样式　　　　　　　　　　图 2-36　应用样式的效果

（3）使用相同方法，为标题 1 下的子标题，如"一、编制目的""二、报销制度"等标题应用"标题 2"样式，如图 2-37 所示。

（4）将鼠标光标定位到任意一个使用"标题 2"样式的段落中，系统自动选择"样式"组列表框中的"标题 2"选项，在其上单击鼠标右键，在弹出的快捷菜单中选择"修改"命令，如图 2-38 所示。

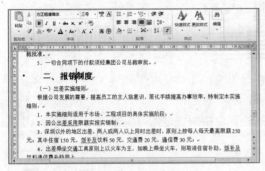

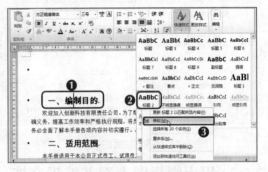

图 2-37　应用样式　　　　　　　　　图 2-38　选择"修改"命令

新建样式

如果在"样式"组的列表框中没有找到合适的样式，可以单击列表框右下方的 按钮，在弹出的列表中选择"将所选内容保存为新快捷样式"选项，在打开的对话框的"名称"文本框中输入样式名称，单击 修改(M)… 按钮，然后在打开的对话框中设置样式的参数。其中需要特别注意的是：在"样式基于"列表框中选择"标题 *"选项，即可将该样式定义为标题样式。

（5）打开"修改样式"对话框，在"格式"栏中设置字体为"黑体"，设置字号为"小三"，取消加粗，单击 格式(O)▼ 按钮，在弹出的列表中选择"段落"选项，如图 2-39 所示。

（6）打开"段落"对话框，在"缩进"栏的"特殊格式"下拉列表框中选择"无"选项，单击 确定 按钮，如图 2-40 所示。

图 2-39　设置字体　　　　　　　　　图 2-40　设置段落

（7）返回"修改样式"对话框，单击选中 ☑ 自动更新(U) 复选框，单击 确定 按钮。返回文档，可看到文档中应用相同样式的文本格式已发生改变，如图 2-41 所示。

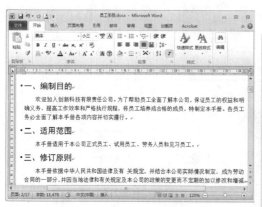

图 2-41 修改样式后的效果

知识提示

快捷键的使用

在"修改样式"对话框中单击 格式(O)▼ 按钮，在弹出的菜单中选择"快捷键"命令，在打开的对话框中可设置快捷键，以后将鼠标光标定位到需要应用样式的位置，按快捷键即可快速应用该样式。

2.2.3 用大纲视图查看并编辑文档

大纲视图就是将文档的标题进行缩进，以不同的级别展示标题在文档中的结构。当一篇文档过长时，可使用 Word 提供的大纲视图来帮助组织并管理长文档。下面在"员工手册"文档中使用大纲视图查看并编辑文档，其具体操作如下。

微课视频

用大纲视图查看并
编辑文档

（1）单击"视图"选项卡，在"文档视图"组中单击 大纲视图 按钮，如图 2-42 所示。

（2）在文档中选择"附件"后的表格标题文本，单击"大纲"选项卡，在"大纲工具"组的"正文文本"列表框中选择"2级"选项，即可将该文本应用对应的样式，如图 2-43 所示。

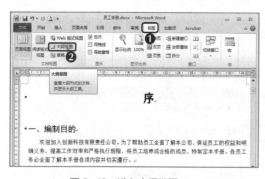

图 2-42 进入大纲视图

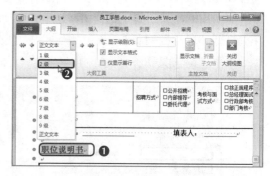

图 2-43 设置文本级别

（3）单击"大纲"选项卡，在"大纲工具"组的"显示级别"列表框中选择"2级"选项显示文档级别，如图 2-44 所示。

（4）单击"大纲"选项卡，在"关闭"组中单击"关闭大纲视图"按钮 ☒，如图 2-45 所示。

图 2-44　显示文档级别

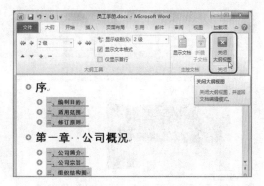

图 2-45　关闭大纲视图

2.2.4　使用题注和交叉引用

为了使长文档中的文本内容更有层次，能对其进行更好的管理，可利用 Word 提供的标题题注为相应的项目进行顺序编号，而且还可在不同的地方引用文档中的相同内容。

1．插入题注

Word 提供的标题题注可以为文档中插入的图形、公式、表格等统一进行编号。下面在"员工手册"文档中为办公楼和组织结构图添加题注，其具体操作如下。

（1）将文本插入点定位到组织结构图后，按【Enter】键换行，然后单击"引用"选项卡，在"题注"组中单击"插入题注"按钮 。

（2）在打开的"题注"对话框的"标签"列表框中选择最能恰当地描述该对象的标签，如图表、表格、公式，这里没有适合的标签，将单击 新建标签(N)... 按钮。

（3）打开"新建标签"对话框，在"标签"文本框中输入标签"图"，然后单击 确定 按钮，如图 2-46 所示。

图 2-46　新建标签

（4）返回"题注"对话框，在"题注"文本框中输入要显示在标签之后的任意文本，这里保持默认设置，然后单击 确定 按钮插入题注，如图 2-47 所示。

（5）使用相同方法，在组织结构图后定位文本插入点，打开"题注"对话框，此时"题注"文本框将根据上一次编号的内容，自动向后编号，如图 2-48 所示。

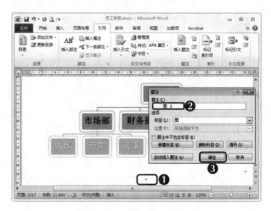

图 2-47　为图片编号　　　　　　　　　　图 2-48　为组织结构图编号

自动插入题注的方法

知识提示

在"题注"对话框中单击 自动插入题注(A)... 按钮，打开"自动插入题注"对话框，在"插入时添加题注"列表框中选中需添加的题注项目对应的复选框，并在位置或编号等方面进行设定，然后选择其他所需选项，单击 确定 按钮可完成自动插入题注的操作。

2．使用交叉引用

交叉引用是指在长文档中的不同位置相互引用同一内容。下面在"员工手册"文档中创建交叉引用指定引用的文本标题，其具体操作如下。

微课视频

使用交叉引用

（1）在文档"第五章"中的"《招聘员工申请表》《职位说明书》"文本后输入"（请参阅）"，然后将文本插入点定位到第一处"请参阅"文本后，单击"引用"选项卡，在"题注"组中单击"插入交叉引用"按钮 。

（2）在打开的"交叉引用"对话框的"引用类型"列表框中选择"标题"选项，在"引用内容"列表框中选择"标题文字"选项，在"引用哪一个标题"列表框中选择"附件："标题，单击 插入(I) 按钮插入交叉引用，完成后再单击 关闭 按钮关闭"交叉引用"对话框，如图 2-49 所示。

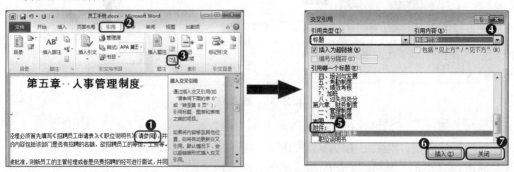

图 2-49　选择交叉引用的内容

（3）将鼠标光标移到创建的交叉引用上，将提示"按住 Ctrl 并单击可访问链接"内容，即
　　　按住【Ctrl】键在文档中单击该链接可快速切换到对应的页面，如图 2-50 所示。

（4）使用相同方法在第二处"请参阅"后插入交叉引用，快速跳转到对应的页面。

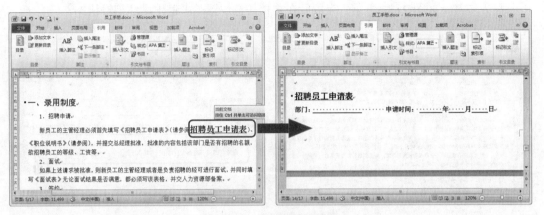

图 2-50　交叉引用后的效果

实现交叉引用的另一种方法

　　单击"插入"选项卡，在"链接"组中单击"交叉引用"按钮，也可打开"交叉引用"对话框，在其中选择需引用的类型以及内容等，也可实现交叉引用。

2.2.5　设置脚注和尾注

　　脚注和尾注均用于对文本进行补充说明。脚注一般位于页面的底部，可以作为文档某处内容的注释；尾注一般位于文档的末尾，列出引文的出处等。下面在"员工手册"文档中设置尾注，其具体操作如下。

微课视频

设置脚注和尾注

（1）将文本插入点定位到需设置脚注的文本内容后，这里定位到第三
　　　章的电子邮箱后，然后在"引用"选项卡的"脚注"组中单击"插入脚注"按钮。

（2）此时系统自动将鼠标光标定位到该页的左下角，在其后输入网址的相应内容，即可插
　　　入脚注，如图 2-51 所示，完成后在文档任意位置单击，退出脚注编辑状态。

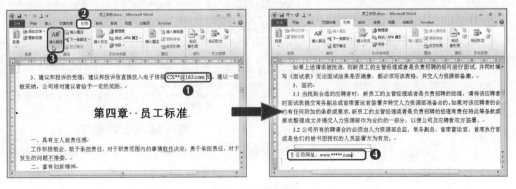

图 2-51　插入脚注

（3）将文本插入点定位到文档中的任意位置，然后在"引用"选项卡的"脚注"组中单击"插入尾注"按钮。

（4）此时系统自动将鼠标光标定位到文档最后一页的左下角，输入公司地址和电话的内容插入尾注，如图2-52所示，完成后在文档任意位置单击退出尾注编辑状态。

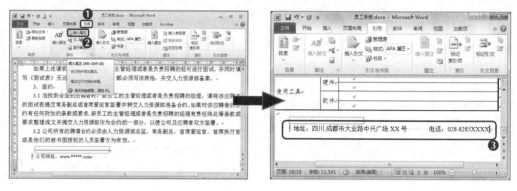

图2-52　插入尾注

详细设置脚注和尾注

在"引用"选项卡的"脚注"组中单击右下角的对话框扩展按钮，可打开"脚注和尾注"对话框，在其中可对脚注和尾注的选项进行详细设置，如设置编号格式、自定义脚注和尾注的引用标记等。

2.2.6　插入分页符与分节符

默认情况下在输入完一页文本内容后，Word将自动分页，但在一些特殊场合需要在指定位置处分页或分节，此时就需插入分页符或分节符。插入分页符与分节符的方法相同，下面在"员工手册"文档中插入分页符，将"序"及其文本单独放于一页，其具体操作如下。

微课视频

插入分页符与分节符

（1）在文档中将文本插入点定位到需要设置新页的起始位置，这里定位到"第一章"文本的上一段末，然后在"页面布局"选项卡的"页面设置"组中单击"插入分页符和分节符"按钮，在弹出的列表中选择"分页符"选项。

（2）返回文档中可看到插入分页符后正文内容自动跳到下页显示，如图2-53所示。

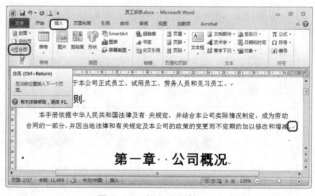

图2-53　插入分页符

删除分页符或分节符

要删除插入的分页符或分节符，可将文本插入点定位于上一页或节的末尾按【Delete】键，或将文本插入点定位于下一页或节的开始处，按【Backspace】键。

2.2.7 设置页眉与页脚

在一些较长的文档中，为了便于阅读，使文档传达更多的信息，可以添加页眉和页脚。通过设置页眉和页脚，可快速在文档每个页面的顶部和底部区域添加固定的内容，如页码、公司徽标、文档名称、日期、作者名等。下面在"员工手册"文档中插入页眉与页脚，其具体操作如下。

(1) 单击"插入"选项卡，在"页眉和页脚"组中单击 🔲页眉▾按钮，在弹出的列表中选择"边线型"选项，如图2-54所示。

(2) 文本插入点自动插入到页眉区，且自动输入文档标题，然后在页眉和页脚工具的"设计"选项卡的"页眉和页脚"组中单击 🔲页脚▾ 按钮，在弹出的列表中选择"边线型"选项，如图2-55所示。

图 2-54　选择页眉样式

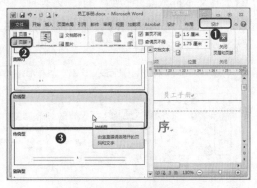

图 2-55　选择页脚样式

(3) 将文本插入点插入到页脚区，可看见已经自动插入页码，在"设计"选项卡中单击"关闭页眉和页脚"按钮❌退出页眉和页脚视图。返回文档中可看到设置页眉和页脚后的效果，如图2-56所示。

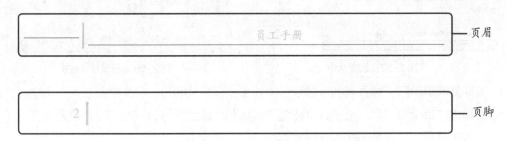

图 2-56　设置的页眉和页脚效果

自定义设置页眉和页脚

在页眉和页脚区域双击即可快速进入页眉和页脚编辑状态，在该状态下可通过输入文本、插入形状、插入图片等方式达到设置页眉、页脚的效果。如果需要为奇数页与偶数页设置不同的页眉和页脚效果，可单击"页眉和页脚工具"的"设计"选项，选中 ☑ 奇偶页不同 复选框。然后在奇数页和偶数页中分别设置不同的效果。

2.2.8 添加目录

目录是一种常见的文档索引方式，一般包含标题和页码两个部分。通过目录，用户可快速知晓当前文档的主要内容，以及需要查询内容的页码位置。

微课视频

添加目录

Word 提供了添加目录的功能，无需用户手动输入内容和页码，只需要用户对对应内容设置相应样式，然后通过查找样式，从而提出内容及页码。所以，添加目录的前提是为标题设置相应的样式。下面在"员工手册"文档中添加目录，其具体操作如下。

（1）将文本插入点定位到"序"文本前，单击"引用"选项卡，在"目录"组中单击"目录"按钮 ，在弹出的列表中选择"插入目录"选项，如图 2-57 所示。

（2）打开"目录"对话框，在"常规"栏的"格式"下拉列表框中选择"正式"选项，在"显示级别"数值框中输入"2"，单击 确定 按钮，如图 2-58 所示。

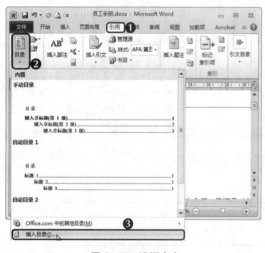

图 2-57　选择命令

图 2-58　设置目录格式

（3）返回文档编辑区，可看到插入目录后的效果，在目录的第一行文字前加入一个空行，然后输入"目录"二字，设置其字体为"黑体"，设置字号为"小二"，设置对齐方式为"居中显示"，效果如图 2-59 所示。

目 录

序..2
　一、编制目的...2
　二、适用范围...2
　三、修订原则...2
第一章　公司概况..2
　一、公司简介...2
　二、公司宗旨...3
　三、组织结构图...3
第二章　行为细则..3
第三章　工作准则..4
　一、创新律例...4
　二、做事原则...4
　三、沟通渠道...4

图 2-59　目录效果

2.3　课堂案例：审校"产品代理协议"文档

在老洪的要求下，米拉制作了一份"产品代理协议"，制作完成后，米拉打印出来交给老洪审校，老洪却告诉米拉：在计算机上就可以完成文档的审校工作，如文档的快速浏览、定位、拼写和语法检查、添加批注以及修订文档都可以实现。而且软件自动化操作，其错误概率小很多。说着，老洪就打开 Word 2010 审校文档。米拉就在旁边默默地学习着，最后完成了文档的审校，如图 2-60 所示。下面具体讲解其制作方法。

素材所在位置　素材文件＼第2章＼课堂案例＼产品代理协议.docx、产品代理协议1.docx

效果所在位置　效果文件＼第2章＼课堂案例＼产品代理协议.docx、产品代理协议1.docx

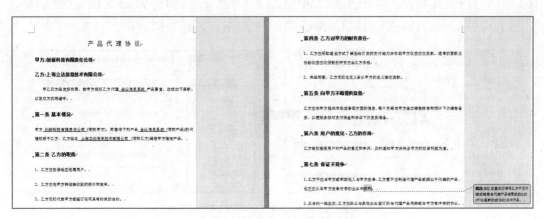

图 2-60　"产品代理协议"文档效果

"协议书"的法律效力

职业素养

协议书是合作双方（或多方）为保障各自的合法权益，经共同协商达成一致意见后签订的书面材料，签署后将具有法律效力。因此制作这类文档时，必须明确双方单位名称、事由，以及详细的条款内容等，并经过双方的严格审校满意后方可签字盖章生效。

2.3.1 使用文档结构图查看文档

在 Word 2010 中，文档结构图即导航窗格，它是一个完全独立的窗格，由文档各个不同等级标题组成，显示整个文档的层次结构，可以对整个文档进行快速浏览和定位。下面在"产品代理协议"文档中使用导航窗格快速查看文档，其具体操作如下。

微课视频

使用文档结构图查看文档

（1）打开素材文档"产品代理协议 .docx"，单击"视图"选项卡，在"显示"组中单击选中 ☑ 导航窗格复选框。

（2）在打开的导航窗格的"浏览您的文档中的标题"选项卡中可以查看文档结构图，从而通览文档的标题结构，在其中单击某个文档标题，可快速定位到相应的标题下查看文档内容，如图 2-61 所示。

图 2-61　使用文档结构图查看文档标题

（3）在导航窗格中单击"浏览您的文档中的页面"选项卡，可预览 Word 2010 文档的页面，完成后在导航窗格右上角单击 ✕ 按钮关闭导航窗格，如图 2-62 所示。

图 2-62　使用文档结构图查看文档页面并关闭导航窗格

导航窗格中没有内容的原因

只有为文档相应内容设置了"标题 1""标题 2"等样式后,在导航窗格中才会显示这些标题,否则导航窗格中将没有任何文字内容显示。

2.3.2 使用书签快速定位目标位置

微课视频

使用书签快速定位
目标位置

　　书签是用来帮助记录位置而插入的一种符号,使用它可迅速找到目标位置。在编辑长文档时,如果利用手动滚屏查找目标位置将需要很长的时间,此时可利用书签功能快速定位到特定位置。下面在"产品代理协议"文档中使用书签定位查找文档内容,其具体操作如下。

（1）选择要插入书签的内容,这里选择佣金计算方式的公式文本,然后单击"插入"选项卡,在"链接"组中单击"书签"按钮 。

（2）在打开的"书签"对话框的"书签名"文本框中输入书签名"佣金计算方式",并单击选中 ☑隐藏书签(H) 复选框,然后单击 添加(A) 按钮,即可在文档中插入名为"佣金计算方式"的书签,如图 2-63 所示。

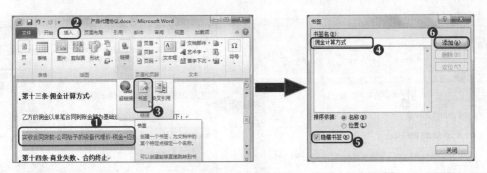

图 2-63　添加书签

（3）在浏览文档的任意位置时,在"链接"组中单击"书签"按钮 ,打开"书签"对话框,在"书签名"列表框中选择"佣金计算方式"选项,单击 定位(G) 按钮,完成后单击 关闭 按钮。

（4）在文档中将快速定位到书签所在的位置,如图 2-64 所示。

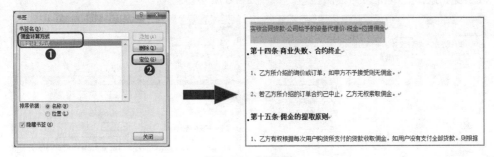

图 2-64　定位书签

通过"查找与替换"对话框定位书签

在"查找与替换"对话框中单击"定位"选项卡，在"定位目标"列表框中选择"书签"选项，在"请输入书签名称"下拉列表框中选择书签名称，完成后单击 定位(I) 按钮也可快速定位到相应的书签位置。

2.3.3 拼写与语法检查

微课视频

拼写与语法检查

在输入文字时，有时字符下方将出现红色或绿色的波浪线，它表示 Word 认为这些字符出现了拼写或语法错误。在一定的范围内，Word 能自动检测文字语言的拼写或语法有无错误，便于用户及时检查并纠正错误。下面在"产品代理协议"文档中进行拼写与语法检查，其具体操作如下。

（1）将文本插入点定位到文档第一行行首，然后单击"审阅"选项卡，在"校对"组中单击"拼写和语法"按钮 🔦 。

（2）在打开的"拼写和语法"对话框的"词法错误"文本框中可查看文档中的词法错误，若确定上一个显示错误的词法无需修改，可单击 下一句(X) 按钮，忽略上一个词法错误并自动显示下一个词法错误，如图 2-65 所示。

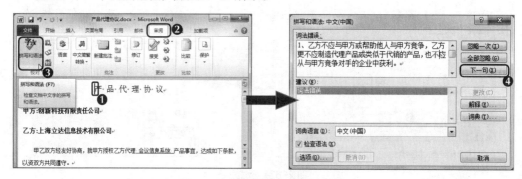

图 2-65　查看拼写和语法检查结果

（3）当需要修改显示的词法错误时，可在"词法错误"文本框中将其修改为正确的词法，这里将在显示的红色"佣"字后输入"金"，然后单击 更改(C) 按钮修改错误的词法。

（4）当文档中没有错误后，将打开提示对话框，提示拼写和语法检查已完成，然后单击 确定 按钮完成拼写与语法检查，如图 2-66 所示。

图 2-66　修改拼写与语法错误

在输入文本时检查和修改语法错误

默认在 Word 中输入文本时，如果有语法错误，将在输入的文本下方显示波浪线，若确定文本无误，可在波浪线上单击鼠标右键，在弹出的快捷菜单中选择"忽略一次"命令，将取消波浪线；也可根据波浪线提示，将错误修改正确。

2.3.4 统计文档字数或行数

在写论文或报告时常常有字数要求，或在制作一些文档时，要求统计当前文档的行数，可是这类文档一般都很长，要手动统计显得非常麻烦。此时可利用 Word 提供的字数统计功能方便地对文章、某一页、某一段分别进行字数和行数统计。下面在"产品代理协议"文档中统计文档字数和行数，其具体操作如下。

统计文档字数或行数

（1）在文档中单击"审阅"选项卡，在"校对"组中单击"字数统计"按钮 。

（2）在打开的"字数统计"对话框中可以看到文档的统计信息，如页数、字数、字符数和行数等，完成后单击 关闭 按钮，如图 2-67 所示。

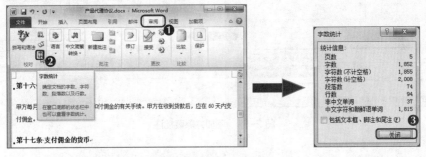

图 2-67 统计文档字数

为每行添加行号

在 Word 中除了可以统计文档的行数，还可以为每行添加行号。其方法是：单击"页面布局"选项卡，在"页面设置"组中单击 行号 按钮右侧的 按钮，在弹出的列表中选择"连续"选项，可在文档中的每一行文本前面添加一个行号。

2.3.5 添加批注

上级在查看下级制作的文档时，如果需要对某处进行补充说明或提出建议时，可使用批注。下面在"产品代理协议"文档中添加批注，其具体操作如下。

添加批注

（1）选择要添加批注的"华北"文本，单击"审阅"选项卡，在"批注"组中单击"新建批注"按钮 。

（2）在文档中插入批注框，然后在批注框中输入所需的内容，完成后的效果如图 2-68 所示。

图 2-68　添加批注

（3）将文本插入点定位到"第七条 保证不竞争"文本的下一段的段末，然后单击"新建批注"按钮 ，插入批注框，并在批注框中输入所需的内容。

（4）在"修订"组中单击 显示标记 按钮，在弹出的列表的"批注"选项前若有 ✓ 图标则表示显示批注，这里可取消选择该选项，隐藏批注，如图 2-69 所示。

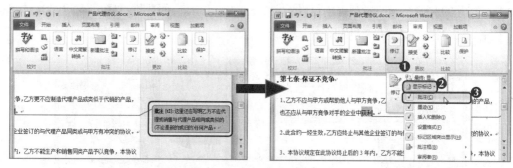

图 2-69　添加并隐藏批注

删除批注

　　在批注框中单击鼠标右键，在弹出的快捷菜单中选择"删除批注"命令或在"审阅"选项卡的"批注"组中单击"删除批注"按钮 ，可删除某个批注；若单击"删除批注"按钮 右侧的 按钮，在弹出的列表中选择"删除文档中所有的批注"选项则可删除文档中的所有批注。

2.3.6　修订文档

　　在对 Word 文档进行修订时，为了方便其他用户或原作者知道对文档所做的修改，可先设置修订标记来记录对文档的修改，然后再进入修订状态对文档进行编辑操作，完成后即可以修订标记来显示所做的修改。下面在"产品代理协议"文档中设置修订标记并修订文档，其具体操作如下。

微课视频

修订文档

（1）单击"审阅"选项卡，在"修订"组中单击"修订"按钮 下方的 按钮，在弹出的列表中选择"修订选项"选项。

（2）在打开的"修订选项"对话框的"插入内容"列表框后的"颜色"下拉列表框中选择"红色"选项，其他各项保持默认设置，并单击 确定 按钮，如图 2-70 所示。

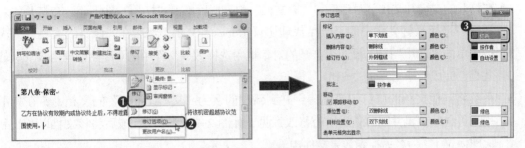

图 2-70 设置修订标记

（3）返回文档，在"修订"组中单击"修订"按钮 。

（4）将文本插入点定位到"第八条 保密"文本的下一段段末，在其后输入相应的内容，输入的内容将按照设置的修订标记样式显示，如图 2-71 所示，完成后再次单击"修订"按钮 退出修订状态，并将该文档以"产品代理协议"为名另存到效果文件中。

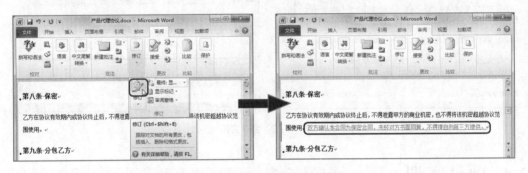

图 2-71 修订文档

接受和拒绝文档修订

在"审阅"选项卡的"更改"组中单击"接受"按钮 或"拒绝"按钮 ，可接受或拒绝当前修订；若分别单击这两个按钮下方的 按钮，在弹出的列表中选择"接受对文档的所有修订"选项或"拒绝对文档的所有修订"选项，可接受或拒绝全部修订。

2.3.7 合并文档

通常报告、总结类文档需要同时分送给经理、主管等各级领导审校，这样修订记录会分别保存在多篇文档中。整理时要想综合考虑所有领导意见，势必同时打开查看多篇文档，这样就显得很麻烦。此时，可利用 Word 提供的合并文档功能，将多个文件的修订记录全部合并到同一文件中。下面将素材文件中的"产品代理协议 1.docx"文档和刚保存到效果文件中的"产

微课视频

合并文档

品代理协议"文档中所做的修订合并到一个文件中，其具体操作如下。

（1）单击"审阅"选项卡，在"比较"组中单击"比较"按钮，在弹出的列表中选择"合并"选项。

（2）在打开的"合并文档"对话框的"原文档"列表框后单击"打开"图标，在打开的对话框中选择素材文件中的"产品代理协议1.docx"文档，然后在"修订的文档"列表框后单击"打开"图标，在打开的对话框中选择效果文件中的"产品代理协议.docx"文档，完成后单击 确定 按钮。

（3）系统将其他文档的修订记录逐一合并到新建的名为"文档1.docx"的文档中，在其中用户可继续编辑并同时查看所有修改意见，如图2-72所示，完成后将该文档以"产品代理协议1"为名另存到效果文件中。

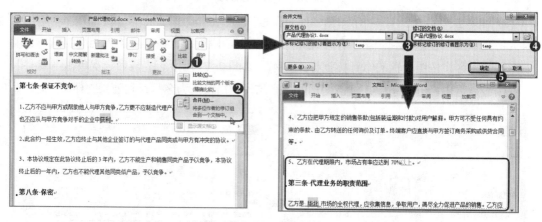

图2-72　合并文档

2.4　项目实训

本章通过制作"业绩报告"、编排"员工手册"、审校"产品代理协议"文档三个课堂案例，讲解了文档图文混排和文档编审的相关知识，其中文本框和图片对象的使用，以及样式的应用、插入目录、设置页眉和页脚、添加批注等，是日常办公中经常使用的知识点，应重点学习和把握。下面通过3个项目实训，将本章学习的知识灵活运用。

2.4.1　制作宣传手册封面

1．实训目标

本实训的目标是制作宣传手册的封面，主要练习图文混排的方法，将使用文本框、形状和图片实现。在制作封面时，需要注意的是颜色和字体的搭配。本实训的最终效果如图2-73所示。

微课视频

制作宣传手册封面

素材所在位置　素材文件\第2章\项目实训\封面插图.jpg
效果所在位置　效果文件\第2章\项目实训\宣传手册封面.docx

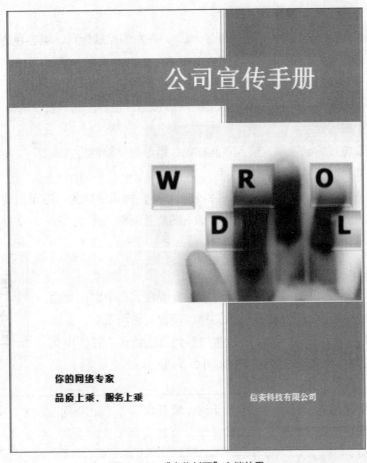

图 2-73 "宣传封面"文档效果

2. 专业背景

在现代办公工作中，宣传册在企业形象推广和产品营销中的作用越来越重要，精美的宣传册页封面将在第一时间抓住用户挑剔的眼球，在制作宣传册封面时，需要注意以下几个方面。

- **框架的规划**：宣传册封面的整体风格应该简洁大方，与宣传产品相互呼应，如配色方面，如宣传的内容为食品饮料，色泽应稍加靓丽，如果是家居类，可体现温馨实用。
- **主要内容**：宣传册不可或缺的是标题和公司名称，然后要包含展现公司形象、主营方向或展品类别的宣传标语。另外，可通过图片归纳指导宣传方向，让人一目了然，总之是概括性的内容展示。

3. 操作思路

本实训的制作主要通过在文档中插入各类对象来实现，分别插入形状、图片和文本框，制作时需要灵活使用这些对象。首先在左侧绘制形状和线条，并设置填充颜色，完成框架搭建，然后在上方使用形状输入标题，在下方使用文本框输入标语和公司名称，最后插入图片。

【步骤提示】

（1）新建文档并保存为"宣传手册封面.docx"，在左侧绘制矩形，填充色为"水绿色，强调文字颜色 5"。

（2）紧邻矩形绘制线条形状，将轮廓颜色设置为"橄榄色，强调文字颜色 3"，并单击"格式"选项卡，选择"排列"组，单击 下移一层 按钮，在弹出的列表中选择"置于底层"，将线条置于底层显示。

（3）在文档上方位置绘制矩形，输入封面标题，矩形底纹颜色为"浅蓝"，标题格式为"华康简黑、加粗、初号"。

（4）在底部插入文本框，分别输入标语和公司名称，标语字体为"方正粗倩简体"，公司名称字体为"方正粗宋简体"，然后插入图片并编辑。

2.4.2 制作"劳动合同"文档

1. 实训目标

微课视频

制作"劳动合同"文档

本实训的目标是制作劳动合同文档，首先需要在文档中应用封面与样式，然后使用大纲视图查看并编辑文档、设置页眉与页脚、添加目录、插入分页符与分节符，完成后检查拼写与语法错误，并使用文档结构图查看文档。本实训的最终效果如图 2-74 所示。

素材所在位置 素材文件 \ 第 2 章 \ 项目实训 \ 劳动合同 .docx
效果所在位置 效果文件 \ 第 2 章 \ 项目实训 \ 劳动合同 .docx

图 2-74 "劳动合同"文档效果

2. 专业背景

劳动合同是劳动者与用工单位之间确立劳动关系，明确双方权利和义务的协议。劳动合同可以保障劳动者权益。订立劳动合同时应当遵守如下原则。

● **合法原则**：劳动合同必须依法以书面形式订立。做到主体合法、内容合法、形式合法、程序合法。只有合法的劳动合同才能产生相应的法律效力。任何一方面不合法的劳动合同，都是无效合同，不受法律承认和保护。

● **协商一致原则**：在合法的前提下，劳动合同的订立必须是劳动者与用人单位双方协商一致的结果，是双方"合意"的表现，不能是单方意思表示的结果。

- **合同主体地位平等原则**：在劳动合同的订立过程中，当事人双方的法律地位是平等的。劳动者与用人单位不因为各自性质的不同而处于不平等地位，任何一方不得对他方进行胁迫或强制命令，严禁用人单位对劳动者横加限制或强迫命令。只有真正做到地位平等，才能使所订立的劳动合同具有公正性。

- **等价有偿原则**：劳动合同是一种双方有偿合同，劳动者承担和完成用人单位分配的劳动任务，用人单位付给劳动者一定的报酬，并负责劳动者的保险金额。

3. 操作思路

完成本实训需要在文档中应用封面与样式，使用大纲视图查看并编辑文档、设置页眉与页脚、添加目录、插入分页符与分节符、检查拼写与语法错误、使用文档结构图查看文档等，其操作思路如图 2-75 所示。

①应用封面与样式　　　②设置页眉与页脚，并添加目录　　③检查拼写与语法错误，并查看文档

图 2-75　"劳动合同"文档的制作思路

【步骤提示】

（1）打开素材文档"劳动合同 .docx"，在首页插入"细条纹"封面，然后为文档标题应用"标题"样式，并使用大纲视图设置"第一条""第二条"……文本的 2 级级别。

（2）分别插入"细条纹"页眉、"传统型"页脚，然后在文档标题前插入"自动目录 1"目录样式，并在插入的目录后插入分页符。

（3）将文本插入点定位到文档第一行的行首，然后单击"审阅"选项卡，在"校对"组中单击"拼写和语法"按钮 ，进行拼写和语法检查，并修改错误的文本。

（4）单击"视图"选项卡，在"显示"组中单击选中"导航窗格"复选框，在打开的导航窗格的"浏览您的文档中的标题"选项卡中查看文档结构图，并单击相应的文档标题，快速定位到所需的标题下查看文档内容。

2.4.3 编排及批注"岗位说明书"文档

1. 实训目标

本实训的目标是编排及批注劳动合同文档，通过实训可让读者理清文档的关系，为文档添加标题、修改样式、提取目录。由于文档需要添加的具体内容较多，将添加批注，让文档的原始制作者修改。本实训的最终效果如图 2-76 所示。

微课视频

编排及批注"岗位说明书"文档

素材所在位置 光盘:\素材文件\第 2 章\项目实训\岗位说明书.docx
效果所在位置 光盘:\效果文件\第 2 章\项目实训\岗位说明书.docx

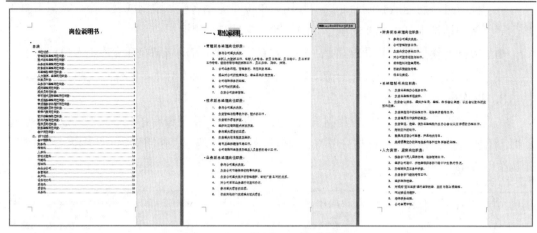

图 2-76 "岗位说明书"文档效果

2. 专业背景

岗位说明书，用于表明企业期望员工做些什么、规定员工应该做些什么、应该怎么做和在什么样的情况下履行职责。在编制岗位说明书时，要注重文字简单明了，并使用浅显易懂的文字。岗位说明书应该包括以下主要内容。

- **岗位基本资料**：包括岗位名称、岗位工作编号、汇报关系、直属主管、所属部门、工资等级、工资标准、所辖人数、工作性质、工作地点、岗位分析日期、岗位分析人等。
- **岗位工作概述**：简要说明岗位工作的内容，并逐项说明岗位工作活动的内容，以及各活动内容所占时间百分比、活动内容的权限、执行的依据等。
- **岗位工作责任**：包括直接责任与领导责任，要逐项列出任职者工作职责。
- **岗位工作资格**：即从事该项岗位工作所必须具备的基本资格条件，主要有学历、个性特点、体力要求以及其他方面的要求。
- **岗位发展方向**：根据需要可加入岗位发展方向的内容，明确企业内部不同岗位间的相互关系，有利于员工明确发展目标，将自己的职业生涯规划与企业发展结合在一起。

3. 操作思路

完成本实训首先要为文档添加两个标题，再依次为各个大标题、子标题设置样式，并通过修改样式达到需要的效果；然后提取目录；由于文档需要添加的具体内容较多，最后将添加批注，便于让文档的原始制作者修改。其操作思路如图 2-77 所示。

① 添加并设置新样式

② 添加目录

③ 添加批注

图 2-77 "岗位说明书" 文档的制作思路

【步骤提示】

（1）在"岗位说明书"标题下方添加"一、职位说明"、在第 9 页"会计核算科"前添加"二、部门说明"。

（2）为"一、职位说明"应用"标题 1"样式，为"管理副总经理岗位职责："新建一个名为"标题 2"的样式，设置样式类型为"段落"，样式基准"标题 2"，后续段落样式"正文"；设置文字格式为"黑体、四号"；设置段前、段后间距均为"5 磅"，行距为"单倍行距"。

（3）依次为各个标题应用样式。

（4）在文档标题下方提取目录，应用"自动目录 1"样式。

（5）在"一、职位说明"文本后定位鼠标光标，插入批注"添加各职位的任职资格"。

2.5 课后练习

本章主要介绍了文档混排和文档的编排与审校方法，其中实现图文混排的操作较为简单，通过课堂案例和项目实训中的操作，用户能够快速学会并熟练掌握使用文本框、形状、表格等对象的方法。下面主要通过编排"行业代理协议书"文档和审校"毕业论文"文档两个练习的制作，使读者进一步熟悉文档的编审操作方法和知识点。

练习 1：编排"行业代理协议书"文档

下面将打开"行业代理协议书 .docx"文档，在其中编排文档内容，设置样式、提取目录等，完成后的效果如图 2-78 所示。

微课视频

编排"行业代理协议书"文档

素材所在位置 素材文件\第 2 章\课后练习\行业代理协议书 .docx
效果所在位置 效果文件\第 2 章\课后练习\行业代理协议书 .docx

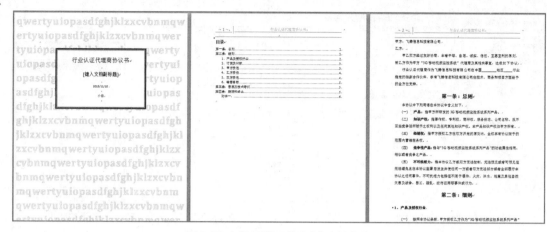

图 2-78　"行业代理协议书"文档效果

操作要求如下。

● 打开"行业代理协议书 .docx"文档，为相应的标题应用样式，并使用大纲视图设置文档 1 级、2 级级别，完成后插入封面。

● 插入"边线型"页眉，并自定义页脚的文本内容包含"地址"和"电话"，完成后再插入目录样式，并在需要换页显示的位置插入分页符。

● 在"销售目标"文本下的第一段段末创建交叉引用标题"附件一："，完成后在附件一的表格下插入题注。

练习 2：审校"毕业论文"文档

下面将在"毕业论文 .docx"文档中审校文档内容，包括使用文档结构图、设置修订标记并修订文档等，参考效果如图 2-79 所示。

微课视频

审校"毕业论文"文档

素材所在位置　素材文件 \ 第 2 章 \ 课后练习 \ 毕业论文 .docx、毕业论文 1.docx
效果所在位置　效果文件 \ 第 2 章 \ 课后练习 \ 毕业论文 .docx、毕业论文 1.docx

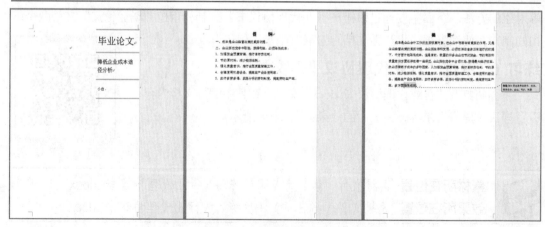

图 2-79　"毕业论文"文档效果

要求操作如下。

● 打开"毕业论文 .docx"文档，使用文档结构图查看文档，然后添加批注，并检查拼写与语法错误，将结果保存为效果文件中的"毕业论文 .docx"。
● 打开素材文件中的"毕业论文 1.docx"文档，设置修订标记并修订文档，再打开上一步保存的效果文件"毕业论文 .docx"，将多个用户的修订结果合并到一个文件中，并将其保存为效果文件中的"毕业论文 1.docx"。

2.6 技巧提升

1. 在 Word 中转换表格与文本

在 Word 文档中用户可根据需要将表格转换为文本，或将文本转换为表格。

● **将表格转换为文本**：选择整个表格，在"布局"选项卡的"数据"组中单击"转换为文本"按钮 🔒，在打开的"表格转换成文本"对话框中单击选中 ◉ 制表符(T) 单选项，然后单击 ▭确定▭ 按钮。
● **将文本转换为表格**：选择需转换为表格的文本，在"插入"选项卡的"表格"组中单击"表格"按钮 ▦，在弹出的列表中选择"文本转换成表格"选项，在打开的"将文字转换成表格"对话框的"列数"数值框中输入表格的列数，在"自动调整"操作栏中单击选中 ◉ 根据窗口调整表格(D) 单选项，在"文字分隔位置"栏中单击选中 ◉ 制表符(T) 单选项，完成后单击 ▭确定▭ 按钮。

2. 删除插入的对象

在文档中单击选择插入的图片等对象，若第一次单击只定位了文本插入点或选择了该元素的某部分，可再次单击该元素的边框选择，然后按【Delete】键将其从文档中删除。

3. 在"样式"列表框中显示或隐藏样式

打开一个 Word 文档，可能"样式"列表框中的样式较少，只有"标题 1"，而没有"标题 2""标题 3"……等其他的标题，这时可以将其显示在"样式"列表框中。其具体操作如下。

（1）单击"开始"选项卡，在"样式"组中单击右下方的对话框扩展按钮 ▫，打开"样式"窗格。
（2）单击"样式"窗格下方的"管理样式"按钮 🈁，打开"管理样式"对话框。
（3）单击"推荐"选项卡，在样式列表中选择一种样式，如选择"标题 2"选项，然后单击下方的 ▭显示(W)▭ 按钮，可在列表框中显示出"标题 2"，单击 ▭使用前隐藏(U)▭ 按钮和 ▭隐藏(H)▭ 按钮，可将样式隐藏起来。完成设置后单击 ▭确定▭ 按钮，如图 2-80 所示。

4. 将设置的样式应用于其他文档

为一个文档设置样式后，如果希望这些样式应用到另外的文档，除了可以将文档设置为模板文件之外，还有一种很简单，也很容易操作的方法，即将文档另存为一个扩展名为 .docx 的文档，然后删除其中的所有文字内容。再次打开这个文档，在里面输入需要的文字，即可直接通过"样式"列表框选择已经设置过的样式。

5. 设置页码的起始数

有些大型的文档是由多个文档组成的，在一个子文档中插入的页码，可能不是由默认的"1"开始，此时可以自定义页码的起始数。双击页眉页脚区域，进入页眉页脚设置状态，单击"设计"选项卡，在"页眉和页脚"组中单击"页码"按钮 📄，在弹出的列表中选择"设置页码格式"选项，打开"页码格式"对话框，单击选中 ⊙ 起始页码(A)：单选项，在其后的数值框中输入起始页码，单击 确定 按钮，如图 2-81 所示。

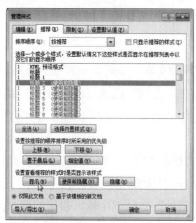
图 2-80　管理样式

图 2-81　设置起始页码

6. 取消页眉上方的横线

双击页眉页脚区域，进入页眉页脚设置状态，有时并未设置任何内容，退出页眉页脚状态后，就发现页眉上方多了一条横线。此时，可以再次进入页眉页脚设置状态，选择页眉的空白字符，单击"开始"选项卡，在"段落"组中单击 ⊞ · 按钮，在弹出的列表中选择"无框线"选项，退出页眉页脚编辑状态，可发现横线已经消失。

7. 设置批注人的姓名

添加批注时，我们可以发现批注由两部分组成，一是冒号前，二是冒号后。冒号前表示批注的人名及批注序号；冒号后表示批注的具体内容。在实际工作中，如果一个文档由多个人批注过，该如何知晓这个批注是由谁作出的呢？其实批注的人名可以进行设置，在 Word 文档中，单击"文件"选项卡，在弹出的列表中选择"选项"选项，打开"Word 选项"对话框，默认选择左侧的"常规"选项卡，在"对 Microsoft Office 进行个性化设置"栏的"用户名"和"缩写"文本框中输入个人的姓名。单击 确定 按钮。此后批注时，冒号前将显示设置的缩写人名。

CHAPTER 3

第 3 章
Word 特殊版式设计与批量制作

情景导入

　　米拉制作文档越来越得心应手，无论是普通文档的输入编辑，还是长文档的审编都不在话下。这不，老总又安排米拉设计"企业文化"传单，现在，米拉一门心思地想着怎样才能制作出独树一帜的"企业文化"传单来……

学习目标

● 掌握特殊排版的操作方法

　　如分栏排版、首字下沉、合并字符、双行合一、设置页面背景，以及打印文档等操作。

● 掌握文档批量制作的操作方法

　　如创建中文信封、合并邮件、批量打印信封等操作。

案例展示

▲ "培训广告" 文档效果　　　　　　　　▲ "信封" 文档效果

3.1 课堂案例：编排"企业文化"文档

米拉正在为如何在 Word 中设计新颖的"企业文化"文档发愁，就看见老洪径直走过来，米拉当然不会放过这个机会，向老洪请教一二。老洪提示到，要制作出与众不同的"企业文化"文档，可以尝试 Word 中的特殊版式设计功能，如首行缩进、分栏排版、带圈字符等，剩下的就慢慢琢磨吧。话未说完，米拉已经开始钻研起来……

素材所在位置 素材文件 \ 第 3 章 \ 课堂案例 \ 企业文化 .docx、背景 .jpg
效果所在位置 效果文件 \ 第 3 章 \ 课堂案例 \ 企业文化 .docx

图 3-1 "企业文化"文档效果

"企业文化"的内涵

职业素养

　　企业文化是在一定的条件下，企业生产经营和管理活动中所创造的具有该企业特色的精神财富和物质形态。它包括文化观念、价值观念、企业精神、道德规范和行为准则等，其中价值观是企业文化的核心。

　　企业文化是企业的灵魂，是推动企业发展的不竭动力。

3.1.1 分栏排版

分栏排版是一种常用的排版方式，它被广泛应用于制作具有特殊版式的文档中，如报刊、图书和广告单等印刷品中。使用分栏排版功能可以制作出别具特色的文档版面，使整个页面更具观赏性。下面在"企业文化"文档中将正文内容设置为两栏显示，其具体操作如下。

（1）在文档中单击"页面布局"选项卡，在"页面设置"组中单击

微课视频

分栏排版

分栏▼按钮，在弹出的列表中选择"两栏"选项，如图3-2所示。

（2）返回文档中可看到所选的文本内容以两栏显示，如图3-3所示。

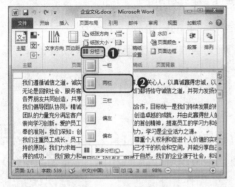

图3-2 分为两栏显示

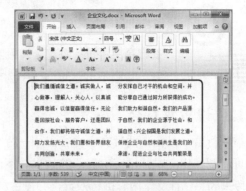

图3-3 两栏排版效果

更多栏排版显示

一般情况下使用两栏，但有特殊要求时，可在"分栏"下拉列表中选择"更多分栏"选项，在打开的"分栏"对话框的"栏数"数值框中自定义多栏显示，同时可设置间隔距离。

3.1.2 首字下沉

在 Word 中首字下沉是将段落首字放大嵌入显示，以突出显示段落首字，使其更加醒目。下面在"企业文化"文档中为每个段首的"我们"设置下沉，下沉行数为"2"，其具体操作如下。

（1）单击"插入"选项卡，在"文本"组中单击"首字下沉"按钮▒，在弹出的列表中选择"首字下沉选项"选项，如图3-4所示。

（2）打开"首字下沉"对话框，在"位置"栏中选择"下沉"选项，在"下沉行数"数值框中输入"2"，如图3-5所示。单击 确定 按钮，设置后的效果如图3-6所示。

微课视频

首字下沉

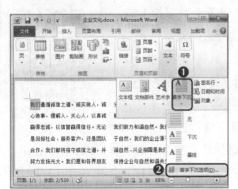

图3-4 执行首字下沉

图3-5 设置下沉参数　　图3-6 首字下沉效果

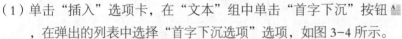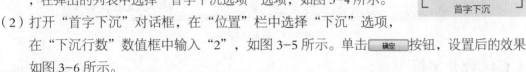

（3）使用相同方法，将其他段落的段首的"我们"设置为"2行"下沉效果。

首字下沉的使用

首字下沉中的"悬挂"是指文字下沉后单独作为一列显示，其效果在选项中可进行预览。如果要取消文字的下沉效果，可选择设置的文字，在"首字下沉"对话框中选择"无"选项。

3.1.3 设置双行合一

微课视频

设置双行合一

双行合一是指使两行文字内容占用一行字符的位置。使用双行合一可以制作出文字并排突出显示的效果。下面在"企业文化"文档中将段末的总结性文字内容进行双行合一设置，其具体操作如下。

（1）选择最后总结性的文本段落文本内容，单击"开始"选项卡，在"段落"组中单击"中文版式"按钮，在弹出的下拉列表中选择"双行合一"选项。

（2）打开"双行合一"对话框，直接单击 [确定] 按钮，返回文档，将选择的文本加大一个字号，设置流程如图3-7所示。

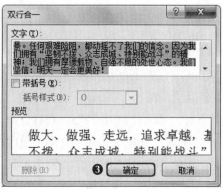

图3-7 设置双行合一

3.1.4 合并字符

微课视频

合并字符

合并字符是指使多个字符占1个字符的宽度。设置合并字符的方法与设置双行合一相似。下面在"企业文化"文档的段末输入"企业文化"，对其进行合并字符操作，制作类似印章的效果，其具体操作如下。

（1）将文本插入点定位到文本的最后，按【Enter】键换行，输入"企业文化"文本内容，单击"开始"选项卡，在"段落"组中单击"中文版式"按钮，在弹出的列表中选择"合并字符"选项。

（2）打开"合并字符"对话框，在"字体"列表框中选择合并字符后的字体格式，这里选择"隶书"选项，然后在"字号"列表中设置字号大小，这里选择"12"选项，如图3-8所示，单击 [确定] 按钮。

（3）返回文档，在"段落"组中单击"文本右对齐"按钮，将文本设置为"右对齐"，完成后的效果如图 3-9 所示。

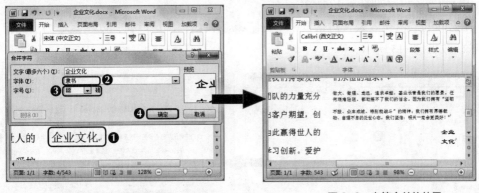

图 3-8 设置字符合并   图 3-9 字符合并的效果

中文版式

在"段落"组中单击"中文版式"按钮，在弹出的列表还包括"纵横混排""调整宽度"和"字符缩放"几个选项。其应用效果从字面上就能很好理解，"纵横混排"是指将文字进行纵向和横向排列；"调整宽度"是指增加文字之间的距离；"字符缩放"是指将字符进行横向缩放。本例中可将末尾的"企业文化"进行"150%"的字符缩放。

3.1.5 设置页面背景

为了使 word 文档更加美观，可设置页面背景修饰文档。设置页面背景时，不仅可以应用不同的颜色，也可使用图片或图案作为背景。下面在"企业文化"文档中设置图片背景，其具体操作如下。

微课视频

设置页面背景

（1）单击"页面布局"选项卡，在"页面背景"组中单击"页面颜色"按钮，在弹出的列表中选择"填充效果"选项，如图 3-10 所示。
（2）打开"填充效果"对话框，选择"图片"选项卡，然后单击 选择图片(L)... 按钮，如图 3-11 所示。

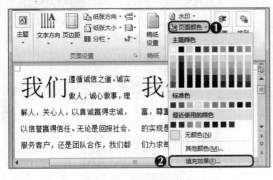

图 3-10 执行填充命令

图 3-11 选择图片

（3）打开"选择图片"对话框，在地址栏中打开图片的保存位置，然后选择图片文件，单击 插入(S) 按钮，如图3-12所示。

（4）在返回的"填充效果"对话框中单击 确定 按钮，确认填充，以图案作为页面背景的效果如图3-13所示。

图 3-12　插入图片　　　　　　　　　　图 3-13　设置图片背景后的效果

其他填充方式

在"页面布局"组中单击"页面背景"按钮 ，在弹出的列表中选择颜色选项，可填充纯色背景。在"填充效果"对话框中选择"纹理""图案"选项卡可填充纹理或图案背景，方法与填充图片相似。

3.1.6　预览并打印文档

可将制作完成的文档打印到纸张上。打印前首先需要对文档的页面进行设置，包括纸张大小、纸张方向以及页边距等。设置完成后，可在Word中预览打印效果，确认效果后即可进行文档的打印。

1. 设置纸张方向

设置纸张方向是指设置纸张的输出方向，文档默认纸张输出方向为纵向。下面在"企业文化"文档中将纸张方向设置为横向，其具体操作如下。

（1）单击"页面布局"选项卡，在"页面设置"组中单击 纸张方向 按钮，在弹出的列表框中选择"横向"选项，如图3-14所示。

（2）返回文档，此时页面呈横向显示，如图3-15所示。

图 3-14　设置横向显示页面

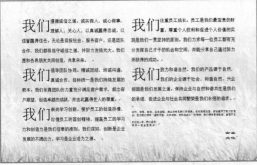

图 3-15　纸张方向为横向效果

设置不同的纸张方向

在 Word 中可以设置部分页面的纸张方向，其方法是：选择需设置纸张方向的内容，选择"页面布局/页面设置"组，单击右下角的扩展按钮，打开"页面设置"对话框，在"纸张方向"栏中选择一个方向，在"应用于"下拉列表框中选择"所选文字"选项。

2. 设置纸张大小

书籍、宣传单等纸张的尺寸有大有小，Word 文档默认的纸张大小为"A4"，在实践中可根据需要自定义纸张大小，通过以下方法实现。

● **功能区设置**：单击"页面布局"选项卡，在"页面设置"组中单击 纸张大小 按钮，在弹出的列表框中选择纸张大小选项，如图 3-16 所示。

● **对话框设置**：在"页面设置"组中单击对话框扩展按钮 ，或在"纸张大小"下拉列表中选择"其他页面大小"选项，可打开"页面设置"对话框的"纸张"选项卡，然后在"纸张大小"列表框中选择纸张大小选项，如图 3-17 所示。

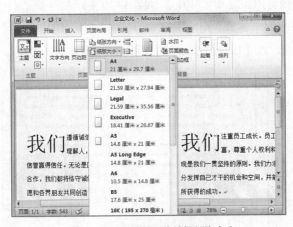

图 3-16　在功能区中选择纸张大小

图 3-17　在对话框中设置纸张大小

纸张大小设置注意事项

纸张的大小一般是按照实际打印纸张大小设置，在选择纸张时，直接选择相应的纸张编号，无需重新设置纸张的高度和宽度，以防止打印出现偏差。

3．设置页边距

页边距，通俗地讲，是指文字与页面边缘的距离，一般通过"页面设置"对话框进行自定义，下面在"企业文化"文档中自定义页边距，其具体操作如下。

微课视频

设置页边距

（1）单击"页面布局"选项卡，在"页面设置"组中单击"页边距"按钮，在弹出的列表中选择"自定义边距"选项，如图 3-18 所示。

（2）打开"页面设置"对话框的"页边距"选项卡，在"上""下"数值框中输入页边距数值，如这里分别输入"3.3 厘米""3.3 厘米"，如图 3-19 所示。

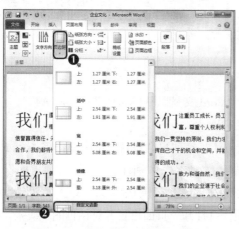

图 3-18　选择"自定义边距"选项

图 3-19　设置"上、下"页边距

（3）单击 确定 按钮，返回文档可看到页边距发生了变化，如图 3-20 所示。

（4）此时，将段首的"我们"文本内容的字体颜色和字形设置为"深红""加粗"，然后在双行合一文本处插入文本插入点，按【Enter】键，设置间距，如图 3-21 所示。

图 3-20　调整间距后的效果

图 3-21　优化文档后的效果

多学一招

页面设置的其他方法

在"页面设置"组中单击"页边距"按钮，在弹出的下拉列表中可选择预设的页边距；另外，在"页边距"的"纸张方向"栏中也可设置纸张方向。

4. 打印文档

打印前的设置完成后，即可预览打印效果，确认无误后即可打印。
下面将"企业文化"文档打印输出，其具体操作如下。

（1）打开"打印"界面，在右侧可预览打印效果。

（2）在"份数"数值框中输入打印份数，这里输入"20"。在"打印
机"列表框中选择安装的打印机，然后单击其下方的"打印机属
性"超链接，如图 3-22 所示。

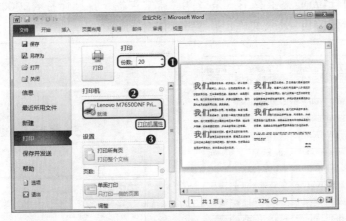

图 3-22　设置打印份数和打印机

（3）打开打印机文档属性对话框，单击"布局"选项卡，在"方向"列表框中选择"横向"选项，
然后单击"纸张/质量"选项卡，选中 ⊙彩色(O) 单选项，单击 确定 按钮，如图 3-23 所示。

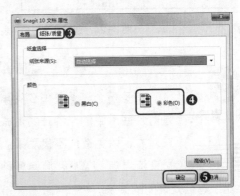

图 3-23　设置打印机属性

（4）返回"打印"界面，单击"打印"按钮 🖶 打印文档。

彩色打印

　　要将文档的背景打印出来，需要单击"文件"选项卡，在弹出的列表中
选择"选项"选项，在打开的"Word 选项"对话框的"显示"选项卡中单击
选中 ☑ 打印背景色和图像(B) 单选项，此操作的前提是打印机具备彩色打印功能。

第 3 章 Word 特殊版式设计与批量制作

77

3.2 制作"信封"文档

公司需向每个客户发送信函，为了节约时间，并统一创建大量具有专业效果的信封，老洪建议米拉批量制作"信封"。批量制作？米拉一脸迷惑，因为米拉有很好的文档编辑操作基础，在老洪的指点下，很快完成了任务。本例将通过"客户资料表"数据源制作批量信封，参考效果如图 3-24 所示。

素材所在位置 素材文件 \ 第 3 章 \ 课堂案例 \ 客户资料表 .docx
效果所在位置 效果文件 \ 第 3 章 \ 信封 .docx

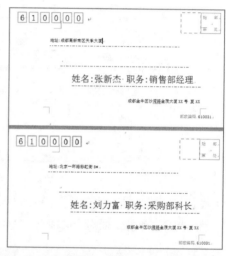

公司名称	联系人	联系人职务	联系方式	通信地址	邮政编码
天成国际	张新杰	销售部经理	13599641***	成都高新南区天承大厦	610000
佳美电器连锁	刘力富	采购部科长	13871231***	北京一环路彩虹街 8#	100000
兴成实业	王凯	采购部科长	13145355***	成都高新西区创业大道 3#	610000
星达科技有限公司	伍维波	技术部经理	13694585***	重庆南山阳光城 12F	400000
大丰汽车商城	孙佳乐	卖场经理	13138644***	成都高新西区创业大道 16#	610000
丽人女性沙龙	李萌	公关部经理	13037985***	成都武侯大道 1#	610000
贪吃嘴食品	谢科	销售部经理	13245377***	重庆解放路金城商厦	400000
竞技体育用品	景西平	销售部经理	13546855***	上海建设路体育商城 7F	200000
美形器械有限公司	代文书	采购部经理	13868688***	成都高新西区锦丰大厦	610000
博力电力有限公司	刘歇	技术部经理	13538447***	上海高新区创业路 11#	200000
龙新五金城	赵龙新	卖场经理	13346591***	成都高新西区龙新大厦	610000
汇创贸易	王汇	卖场经理	13356984***	北京深湾高达贸易大厦	100000
墨氏服饰	李文乐	采购部经理	13045982***	成都武侯大道 1#	610000
安佳化妆品公司	陈佳	公关部经理	13155629***	成都南山阳光城 15#	610000
成才电脑培训学校	赵天泽	行政部主任	13546925***	成都高新西区创业大道	610000

图 3-24 通过"客户资料表"数据源制作的批量信封的效果

职业素养

"信函"在企业间的沟通意义

信函是企事业单位公关事务活动中不可缺少的重要传播工具。因为它是对外联系中的一种正式形式，所以其语言、格式均要慎重斟酌，才能发往对方，以免造成不良后果。信函是在公关活动中，社会组织与其内外人员交流思想、信息，商洽各种事项等使用的书信，其主要功能是建立与发展组织与公众之间的关系。

3.2.1 创建中文信封

在实际工作中，要为大量的客户邮寄信件，可使用 Word 中的信封功能，即在"邮件"选项卡中创建中文信封、创建标签和合并邮件等。中文信封与外文信封在版式和文本输入次序上有所不同，为了满足中文用户的需要，Word 提供了多种中文信封样式，方便用户使用。

1. 建立主文档

"主文档"是指每封信中含有相同内容的部分文本。建立"信封"

微课视频

建立主文档

主文档，即输入每封信里相同的部分文本。下面启动信封制作向导，按照向导的提示创建中文信封，其具体操作如下。

（1）启动 Word 2010，在新建的空白文档中单击"邮件"选项卡，在"创建"组中单击"中文信封"按钮 。

自定义方式

在"创建"组中单击"信封"按钮 📧，在打开的"信封和标签"对话框的"信封"选项卡中可输入或编辑收信人地址、寄信人地址，并设置信封尺寸、送纸方式和其他选项。

（2）在打开的"信封制作向导"对话框的"开始"界面中单击 下一步(N)> 按钮，在"信封样式"界面的"信封样式"列表框中选择"国内信封 –ZL（230×120）"选项，其他各项保持默认设置，然后单击 下一步(N)> 按钮，如图 3-25 所示。

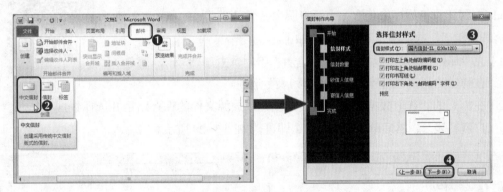

图 3-25　设置信封样式

（3）在"信封数量"界面中单击选中 ⦿键入收信人信息，生成单个信封(S) 选项，单击 下一步(N)> 按钮，在"收信人信息"界面中输入收信人姓名、称谓、地址，单击 下一步(N)> 按钮。

（4）在"寄信人信息"界面中输入寄信人的姓名、地址和邮编，单击 下一步(N)> 按钮，如图 3-26 所示。

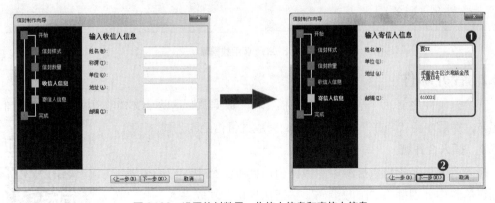

图 3-26　设置信封数量、收信人信息和寄信人信息

（5）在"完成"界面中单击 完成(F) 按钮退出信封制作向导，Word 将自动新建一个文档，大小为信封页面大小，其中的内容为前面输入的信封内容，如图 3-27 所示。

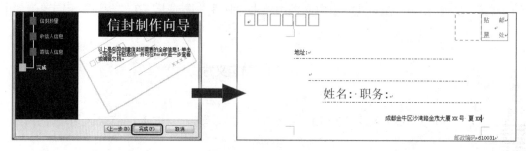

图 3-27　创建信封主文档

2. 准备并调用数据源

"数据源"是指每封信中含有的不同的、具有特定内容的部分文本。数据源的内容可从 Word 文档、Excel 工作表、Access 数据库和 Outlook 通讯录等程序中获取。下面将调用一个已建立好的 Word 文档"客户资料表"数据源，其具体操作如下。

微课视频

准备并调用数据源

（1）在"邮件"选项卡的"开始邮件合并"组中单击 选择收件人 按钮，在弹出的列表中选择"使用现有列表"选项。

（2）在打开的"选取数据源"对话框中找到数据源文件的保存路径并选择数据源文件"客户资料表"，然后单击 打开(O) 按钮即可，如图 3-28 所示。

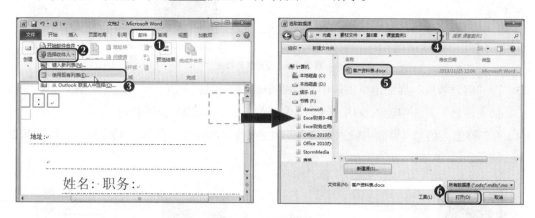

图 3-28　调用数据源

3.2.2　合并邮件

在合并邮件之前，首先要将"主文档"和"数据源"这两个文档创建好，并且将它们联系起来，然后才能"合并"这两个文档，完成批量信函的创建。

1. 插入合并域

插入合并域是指将数据源中的数据引用到主文档中相应的位置。下面在信封中分别插入"邮政编码""通信地址""联系人"和"联系人职务"域名，其具体操作如下。

微课视频

插入合并域

（1）将文本插入点定位到信封的邮编文本后，然后在"编写和插入域"组中单击 ⊞⊞ 插入合并域 按钮右侧的 ▾ 按钮，在弹出的列表中选择"邮政编码"选项，插入合并域，并调整文本框大小。

（2）用相同的方法在信封的"地址:""姓名:"和"职务:"文本后分别插入"通信地址""联系人""联系人职务"等域名，如图 3-29 所示。

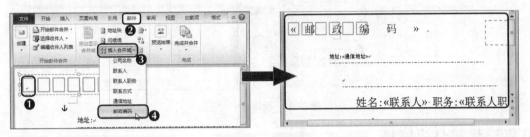

图 3-29　插入合并域

2. 预览信封

插入合并域后，可预览信封效果，查看插入的合并域是否在适合的位置。下面预览信封效果，其具体操作如下。

（1）在"预览结果"组中单击"预览结果"按钮 ☜。

（2）返回信封中可看到插入的合并域位置变成了详细的邮编、地址、姓名和职务信息，如图 3-30 所示。

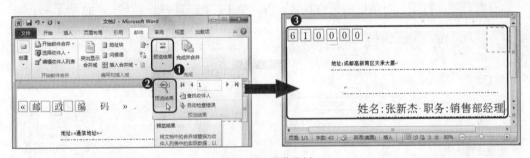

图 3-30　预览信封

3. 完成合并

通过前面的操作，将只能查看第一条记录信息，要将全部记录合并到新文档中，可执行完成合并操作。下面编辑个人信函，即将全部记录合并到新文档中，其具体操作如下。

（1）在"完成"组中单击"完成并合并"按钮 🖺，在弹出的列表中选择"编辑单个文档"选项。

（2）在打开的"合并到新文档"对话框中单击选中 ⊙ 全部(A) 单选项，然后单击 ▭确定▭ 按钮，Word 将自动新建一个名为"信函 1.docx"的文档，在该文档中拖曳垂直滚动条可依次查看全部记录的信函文档，如图 3-31 所示。

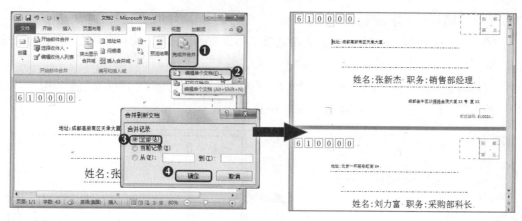

图 3-31　编辑单个文档

3.2.3　批量打印信封

微课视频

批量打印信封

在合并邮件时，除了可合并到新文档中，还可合并到打印机，直接批量打印信封，将电子版信封中的信息快速打印到实际的纸质信封上。下面直接合并到打印机，其具体操作如下。

（1）在"完成"组中单击"完成并合并"按钮，在弹出的列表中选择"打印文档"选项。

（2）在打开的"合并到打印机"对话框中单击选中"全部"单选项，然后单击 确定 按钮，在打开的"打印"对话框中保持默认设置，单击 确定 按钮，如图 3-32 所示。

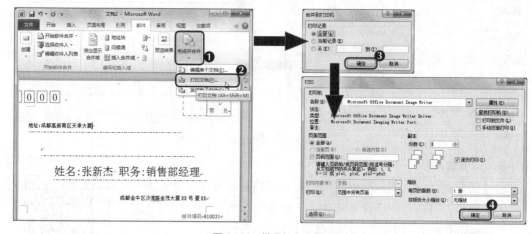

图 3-32　批量打印信封

3.3　项目实训

本章通过制作"企业文化"文档、制作信封两个课堂案例，讲解了特殊排版和批量处理的相关知识，其中分栏排版、设置页面、批量处理和打印文档等操作，是日常办公中经常使用的知识点，应重点学习和把握。下面通过两个项目实训，将本章学习的知识灵活运用。

3.3.1 编排"培训广告"文档

1. 实训目标

本实训的目标是编排培训广告文档,需要在文档中设置纸张大小、纸张方向、页边距和页面背景,然后设置特殊版式,完成后预览并打印文档。本实训的最终效果如图 3-33 所示。

微课视频

编排"培训广告"文档

素材所在位置 素材文件\第 3 章\项目实训\背景 .jpg、培训广告 .docx
效果所在位置 效果文件\第 3 章\项目实训\培训广告 .docx

图 3-33　"培训广告"文档的最终效果

2. 专业背景

广告是为了某种特定的需要,通过一定形式或媒介公开而广泛地向公众传递信息的宣传手段。主要传播方式有:报刊、广播、电视、电影、路牌、橱窗和印刷品等媒介或者形式。在制作这类文档时,应突出主题,传达品牌独特、鲜明的个性主张,使产品得以与目标消费群建立某种联系,顺利进入消费者的视野。

3. 操作思路

完成本实训需要在文档中设置页面,以及设置特殊版式等,完成后预览并打印文档,其操作思路如图 3-34 所示。

① 设置页面　　　　② 设置特殊版式　　　　③ 预览并打印文档

图 3-34　"培训广告"文档的制作思路

【步骤提示】

（1）打开"培训广告 .docx"文档，设置纸张大小为"16×26 厘米"，纸张方向为"横向"，页边距为"窄"。

（2）单击"页面布局"选项卡，在"页面背景"组中单击 按钮，在弹出的列表中选择"填充效果"选项，在打开的对话框中单击"图片"选项卡，在其中单击 选择图片(L)... 按钮，在打开的对话框中选择"背景 1"图片，将其插入到文档中，并设置为页面背景。

（3）为"××电脑培训中心"文本设置为双行合一效果，"培训内容"文本设置为带圈字符，再选择"培训内容"下的文本，将其设置为三栏显示。

（4）单击"文件"选项卡，选择"打印"组，在窗口右侧预览打印效果，对预览效果满意后，在窗口中间上方单击"打印"按钮 🖨 开始打印。

3.3.2 制作"邀请函"文档

微课视频

制作"邀请函"文档

1．实训目标

本实训的目标是制作邀请函文档，需要在文档中利用邮件合并功能批量打印并发送"邀请函"给公司的所有客户。本实训的最终效果如图 3-35 所示。

> **素材所在位置** 素材文件\第 6 章\项目实训\客户资料表 .docx、邀请函 .docx
> **效果所在位置** 效果文件\第 6 章\项目实训\邀请函 .docx

图 3-35　"邀请函"文档合并邮件后的效果

2．专业背景

邀请信是邀请亲朋好友或知名人士、专家等参加某项活动时所发出的请约性书信。在日常生活中，这类书信使用非常广泛。在制作这类文档时，不仅要注意语言简洁明了，还应写明举办活动的具体日期和地点，以及被邀请者的姓名。

3．操作思路

完成本实训需要先将"客户资料表"文档中的"客户名称"数据合并到"邀请函"文档中，然后根据邮件合并分步向导合并邮件，接着合并邮件到新文档，最后打印并发送"邀请函"文档。

【步骤提示】

（1）打开"邀请函 .docx"文档，单击"邮件"选项卡，在"开始邮件合并"组中单击

开始邮件合并 ▾ 按钮，在弹出的列表中选择"邮件合并分步向导"选项，然后根据邮件合并分步向导将"客户资料表"文档中的"客户名称"数据合并到"邀请函"文档中。

（2）在"完成"组中单击"完成并合并"按钮🗊，在弹出的列表中选择"编辑单个文档"命令，在打开的对话框中保持默认设置，然后单击 确定 按钮，系统自动新建一个名为"信函 1.docx"的文档，在其中拖动垂直滚动条可依次查看全部记录的信函文档。

（3）单击"完成并合并"按钮🗊，在弹出的列表中分别选择"打印文档"和"发送电子邮件"选项，并进行相应的设置，单击 确定 按钮批量打印并发送"邀请函"。

3.4 课后练习

本章主要介绍了特殊版式的编排方法、页面背景设置、打印文档，以及创建信封、合并邮件等知识，读者应加强该部分内容的练习与应用。下面通过两个习题，使读者对各知识的应用方法及操作更加熟悉。

制作"健康小常识"文档

练习 1：制作"健康小常识"文档

本练习将创建"健康小常识 .docx"文档，在其中输入并编辑相应的文本，并编排文档，编排后的效果如图 3-36 所示。

 效果所在位置 效果文件 \ 第 3 章 \ 课后练习 \ 健康小常识 .docx

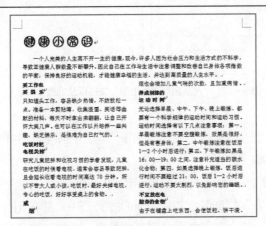

图 3-36 "健康小常识"文档的最终效果

操作要求如下。

● 新建文档，输入文本内容。

● 选择标题文本，选择"开始"选项卡，在"字体"组中单击"带圈字符"按钮⊕，将标题设置为带圈字符效果。

● 将文本插入点插入到第一段文本的下方，将第一段文本后的内容设置为三栏排版。

● 将"戒烟"小标题设置为"合并字符"，为其他小标题设置双行合一效果。

练习 2：制作"产品售后追踪信函"文档

微课视频

制作"产品售后追踪信函"文档

下面首先新建"产品售后追踪信函"文档，根据"客户档案表"数据源制作批量信函效果，然后新建空白文档，在其中根据"客户档案表"数据源制作批量信封的效果，参考效果如图 3-37 所示。

素材所在位置 素材文件\第 3 章\课后练习\客户档案表 .xlsx、产品售后追踪信函 .docx

效果所在位置 效果文件\第 3 章\课后练习\信封 .docx、产品售后追踪信函 .docx

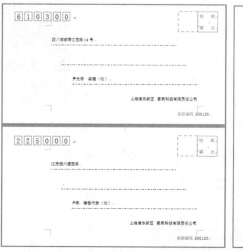
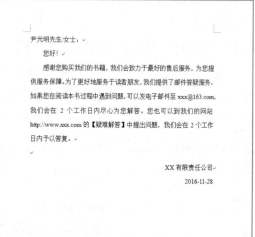

图 3-37 "产品售后追踪信函"文档以及批量信封效果

操作要求如下。

- 新建"产品售后追踪信函"文档，选择"客户档案表"中的数据为收件人，在相应位置插入合并域。
- 启动信封制作向导，按照向导的提示创建中文信封。
- 将"客户档案表"数据源合并到创建的主文档中，并在相应的位置插入合并域。
- 编辑个人信函，将全部记录合并到新文档中，并批量打印信封。

3.5 技巧提升

1. 改变默认文字方向

默认情况下，在 Word 中输入的文本将以水平方向排列，但在制作一些特殊文档时，可通过设置文字方向使文字在不同的方向显示。设置文字方向的方法为：在文档中单击"页面布局"选项卡，在"页面设置"组中单击"文字方向"按钮，在弹出的列表中选择"垂直"

选项，可使文档的文本内容都垂直排列；选择"文字方向选项"选项，在打开的"文字方向—主文档"对话框的"方向"栏中单击相应的文字框可设置文本不同方向的排列效果。

2. 同时显示纵横向文字

设置纵横混排就可在同一页面中，改变部分文本的排列方向，由原来的纵向变为横向、横向变为纵向，但它只适用于少量文字的情况。设置纵横混排的具体操作如下。

（1）选择需设置纵横混排的文本，然后在"开始"选项卡的"段落"组中单击"中文版式"
按钮 ✕▾，在弹出的列表中选择"纵横混排"选项。

（2）在打开的"纵横混排"对话框中保持默认设置，然后单击 确定 按钮，返回文档中可看到所选的文字以横排方式排列。

3. 创建标签

在"邮件"选项卡的"创建"组中单击"标签"按钮，可创建各种标签，如邮件标签、磁盘标签和卡片等，最常用的是邮件标签，邮件标签即将收信人的地址及姓名等打印到标签页，然后再贴到信封上使用，对于已印刷了发件人地址的企业专用信封更适用。

4. 取消数据源中不需显示的相关记录

默认情况下，将数据源合并到主文档中后，数据源中的每条记录都将自动合并到主文档中，当不需要显示数据源中的某条记录时，可在"邮件"选项卡的"开始邮件合并"组中单击 编辑收件人列表 按钮，在打开的"邮件合并收件人"对话框的列表框中撤销选中某条记录对应的复选框，完成后单击按钮即可取消数据源中不需显示的相关记录。

5. 使用电子邮件发送文档

在 Word 中可将文档作为电子邮件的附件发送出去，其具体操作如下。

（1）单击"文件"选项卡，在弹出的列表中选择"保存并发送"选项，在弹出的列表中选择"使用电子邮件发送"选项。

（2）在窗口右侧选择所需的邮件发送方式，如选择"作为附件发送"选项。将在打开的电子邮件窗口中附加采用原文件格式的文件副本；选择"以 PDF 形式发送"选项，将在打开的电子邮件窗口中附加 .pdf 格式的文件副本；选择"以 XPS 形式发送"选项，将在打开的电子邮件窗口中附加 .xps 格式的文件副本。

（3）在打开的电子邮件窗口的"收件人"文本框中输入一个或多个收件人，并根据需要编辑主题行和邮件正文，在"附件"文本框中将自动添加相应格式的文件副本，完成后单击"发送"按钮 即可。

6. 以正文形式发送邮件

在 Word 中不仅可以附件形式发送邮件，还可以正文形式发送邮件。以正文形式发送邮件的具体操作如下。

（1）单击"文件"选项卡，在弹出的列表中选择"选项"选项，打开"Word 选项"对话框，单击"快速访问工具栏"选项卡，在右侧的"从下列位置选择命令"下拉列表框中选择"所有命令"选项，再在列表框中选择"发送至邮件收件人"选项，依次单击 添加(A) >> 按钮和 确定 按钮，如图 3-38 所示。

（2）在快速访问工具栏中查看并单击"发送至邮件收件人"按钮 ，在打开的邮件发送窗口单击 收件人. 按钮。

（3）在打开的"选择姓名：联系人"对话框的右侧列表框中显示了 Outlook Express 通讯簿中的联系人地址，然后在"收件人"文本框中输入收件人地址，单击 确定 按钮，将用户电子邮件地址添加到"邮件收件人"列表框中，然后返回邮件窗口后单击 发送副本(S) 按钮，即可将电子邮件以正文的形式发送给对方，如图 3-39 所示。

图 3-38　添加"发送至邮件收件人"按钮

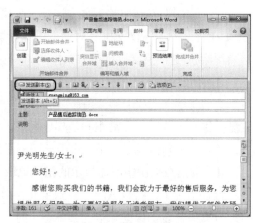

图 3-39　添加收件人信息并发送邮件

CHAPTER 4

第4章
Excel 基础操作

情景导入

　　米拉在公司中除了制作各类文档，还需要制作和管理表格内容。公司的员工数据信息、产品数据信息等都要通过 Excel 表格进行统计管理。怎样使用 Excel 制作和管理表格呢？因为米拉掌握了 Word 的各类操作，Excel 学习应用起来得心应手，特别是基础制作……

学习目标

● 掌握制作表格输入数据的操作

　　掌握新建工作簿、选择单元格、输入数据、快速填充数据、保存工作簿等操作。

● 掌握工作表的各项操作方法

　　掌握插入与重命名工作表、移动与复制工作表、隐藏与显示工作表、设置工作表标签颜色、保护工作表等操作。

案例展示

▲ "员工基本信息表"工作表效果

▲ "车辆管理表格"工作簿效果

4.1 制作"预约客户登记表"工作簿

炎炎夏日，公司产品销售迎来旺季，顾客络绎不绝前来咨询相关事宜，公司便临时安排米拉对预约客户进行登记，并制作成"预约客户登记表"工作簿。因为米拉精通 Word，熟悉各类操作，所以对于 Office 的另一组件 Excel 上手特别快。在老洪的略微提示下，米拉很快制作出"预约客户登记表"工作簿，完成后的参考效果如图 4-1 所示。

效果所在位置 效果文件 \ 第 4 章 \ 预约客户登记表 .xlsx

图 4-1 "预约客户登记表"工作簿的最终效果

"预约客户登记表"的内容与作用

职业素养

"预约客户登记表"是办公中常用的一类重要表格。"预约客户登记表"中的客户名称、公司名称、联系电话、预约日期和预约事宜等项目是必须记录的，缺少其中一项都有可能导致接待失败，造成公司的损失。"预约客户登记表"在工作中起到提示作用，同时有利于工作的顺利及时开展。

4.1.1 新建工作簿

要使用 Excel 制作表格，首先应学会新建工作簿。新建工作簿的方法分为两种：一种是新建空白工作簿；另一种是新建基于模板的工作簿。

1. 新建空白工作簿

启动 Excel 后，系统将自动新建一个名为"工作簿 1"的空白工作簿。为了满足需要，用户还可新建更多的空白工作簿。下面启动 Excel 2010，并新建一个空白工作簿，其具体操作如下。

（1）选择【开始】/【所有程序】/【Microsoft Office】/【Microsoft Excel 2010】菜单命令，启动 Excel 2010，然后单击"文件"选项卡，在弹出的列表中选择"新建"选项，在窗口中间的"可用模板"列表框中选择"空白工作簿"选项，在右下角单击"创建"按钮。

微课视频

新建空白工作簿

（2）系统将新建一个名为"工作簿2"的空白工作簿，如图4-2所示。

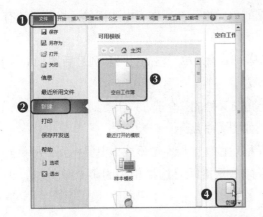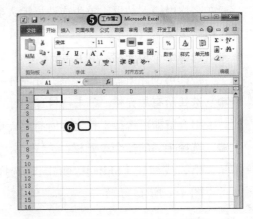

图4-2　新建空白工作簿

其他新建方法

按【Ctrl+N】组合键可快速新建空白工作簿。在桌面或文件夹的空白位置处单击鼠标右键，在弹出的快捷菜单中选择"新建"命令，在弹出的子菜单中选择"Microsoft Excel工作表"命令，也可新建空白工作簿。

2. 新建基于模板的工作簿

Excel 自带的有固定格式的空白工作簿，称为模板。用户在使用时只需输入相应的数据或稍作修改即可快速创建出所需的工作簿，这样大大提高了工作效率。下面将新建一个基于"考勤卡"模板的工作簿，其具体操作如下。

微课视频

新建基于模板的工作簿

（1）单击"文件"选项卡，在弹出的列表中选择"新建"选项，在窗口中的"可用模板"列表框中选择"样本模板"选项。

（2）在打开的列表框中选择所需的模板，这里选择"考勤卡"选项，然后单击"创建"按钮即可新建名为"考勤卡1"的模板工作簿，如图4-3所示。

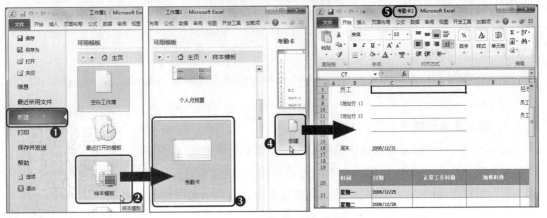

图4-3　新建基于模板的工作簿

4.1.2 选择单元格

要在表格中输入数据，首先应选择输入数据的单元格。在工作表中选择单元格的方法有以下几种。

● **选择单个单元格**：单击单元格，或在名称框中输入单元格的行号和列号后按【Enter】键即可选择所需的单元格，如图 4-4 所示。

● **选择所有单元格**：单击行号和列标左上角交叉处的"全选"按钮，或按【Ctrl+A】组合键即可选择工作表中所有单元格，如图 4-5 所示。

● **选择相邻的多个单元格**：选择起始单元格后按住鼠标左键不放拖曳鼠标到目标单元格，或按住【Shift】键的同时选择目标单元格即可选择相邻的多个单元格，如图 4-6 所示。

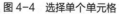
图 4-4　选择单个单元格

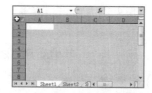
图 4-5　选择所有单元格

图 4-6　选择相邻的多个单元格

● **选择不相邻的多个单元格**：按住【Ctrl】键的同时依次单击需要选择的单元格即可选择不相邻的多个单元格，如图 4-7 所示。

● **选择整行**：将鼠标光标移动到需选择行的行号上，当鼠标光标变成➡形状时，单击即可选择该行，如图 4-8 所示。

● **选择整列**：将鼠标光标移动到需选择列的列标上，当鼠标光标变成⬇形状时，单击即可选择该列，如图 4-9 所示。

图 4-7　选择不相邻的多个单元格

图 4-8　选择整行

图 4-9　选择整列

4.1.3 输入数据

输入数据是制作表格的基础，Excel 支持各种类型数据的输入，如文本、数字、日期与时间、特殊符号等。

1. 输入文本与数字

文本与数字都是 Excel 表格中的重要数据，用来直观地表现表格中所显示的内容。在单元格中输入文本的方法与输入数字的方法基本相同。下面将在新建的空白工作簿中输入文本与数字，其具体操作如下。

微课视频
输入文本与数字

（1）选择 A1 单元格，输入文本"预约客户登记表"，然后按【Enter】键。

（2）选择 A2 单元格，输入文本"预约号"，按【Enter】键将选择 A3 单元格，输入数字"1"。依次选择相应的单元格，用相同的方法输入如图 4-10 所示的文本与数字。

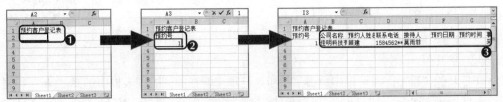

图 4-10　输入文本与数字

修改数据的技巧

将鼠标光标置于单元格中的某个位置后双击，可将光标插入点定位到指定的位置，在其中可根据需要修改数据。另外，当单元格中的数据较长而单元格不能完全显示时，可选择单元格，在编辑栏的编辑框中修改数据。

2. 输入日期与时间

默认情况下，在 Excel 中输入的日期格式为"2017/11/20"（若输入"2017-11-20"的日期格式，系统自动显示为默认格式）；时间格式为"0:00"。在前面的工作簿中输入相应的日期与时间，其具体操作如下。

微课视频

输入日期与时间

（1）选择 F3 单元格，输入形如"2017-11-20"格式的日期，完成后按
【Ctrl+Enter】组合键，系统将自动显示为默认"2017/11/20"的日期格式，如图 4-11 所示。

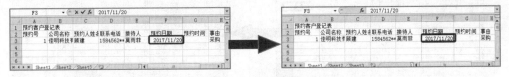

图 4-11　输入日期

（2）选择 G3 单元格，输入形如"9:30"的时间格式，完成后按【Ctrl+Enter】组合键，在编辑框中可看到时间格式显示为"9:30"，如图 4-12 所示。

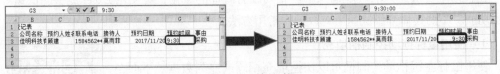

图 4-12　输入时间

（3）用相同的方法在 B4:H15 单元格区域中输入其他数据。

快速输入当前日期或时间

在工作表中选择某个单元格后，按【Ctrl+:】组合键，系统将自动输入当前日期；按【Ctrl+Shift+:】组合键，系统将自动输入当前时间。

3. 插入特殊符号

在 Excel 表格中，若需要输入一些键盘不能输入的符号，如"※""★"或"√"等，可通过"符号"对话框插入。下面在前面的工作簿中输入特殊符号"★"，其具体操作如下。

（1）选择 I4 单元格，单击"插入"选项卡，在"符号"组中单击"符号"按钮Ω。

（2）在打开的"符号"对话框中单击"符号"选项卡，在中间的列表框中选择"★"符号，连续单击 3 次 插入(I) 按钮，完成后单击 关闭 按钮关闭"符号"对话框，如图 4-13 所示。

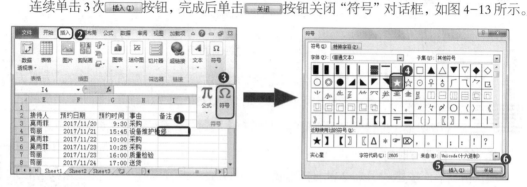

图 4-13　选择符号

（3）返回工作表中可看到插入符号后的效果，然后按【Ctrl+Enter】组合键完成输入并保持单元格的选择状态。用相同的方法在 I7 和 I14 单元格中输入该符号，如图 4-14 所示。

图 4-14　插入符号效果

4.1.4　快速填充数据

在表格中要快速并准确地输入一些相同或有规律的数据，可使用 Excel 提供的快速填充数据功能。下面具体介绍快速填充数据的常用方法。

1. 使用鼠标拖动控制柄填充

使用鼠标左键拖动控制柄可以快速填充相同或序列数据。下面在工作簿中使用鼠标左键拖动控制柄填充序列数据，其具体操作如下。

（1）选择 A3 单元格，将鼠标光标移至该单元格的右下角，此时该单元格的右下角将出现一个控制柄，且鼠标光标变为＋形状，按住鼠标左键不放拖动光标到 A15 单元格，释放鼠标，在 A3:A15 单元格区域中将快速填充相同的数据。

（2）在 A3:A15 单元格区域的右下角单击"自动填充选项"按钮图，在弹出的列表中单击选中 填充序列(S) 单选项即可填充序列数据，如图 4-15 所示。

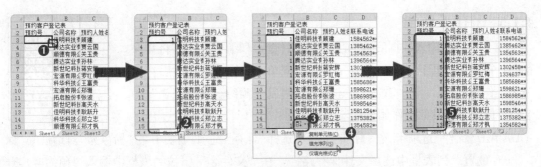

图 4-15 使用鼠标左键拖动控制柄填充数据

使用鼠标右键拖动控制柄填充

将鼠标光标移至该单元格的右下角,当鼠标光标变为 **+** 形状时,按住鼠标右键不放拖动光标到 A15 单元格,释放鼠标,在弹出的列表中选择"填充序列"选项。

2. 使用"序列"对话框填充数据

使用"序列"对话框可以具体设置数据的类型、步长值和终止值等参数,以实现数据的填充。下面在工作簿中通过"序列"对话框填充序列数据,其具体操作如下。

微课视频

使用"序列"对话框
填充数据

(1)选择 A3:A15 单元格区域,在"开始"选项卡的"编辑"组中单击"填充"按钮,在弹出的列表中选择"系列"选项。

(2)打开"序列"对话框,在"序列产生在"栏中单击选中 ⊙ 列(C) 单选项,在"类型"栏中单击选中 ⊙ 等差序列(L) 单选项,在"步长值"文本框中设置序列之间的差值,在"终止值"文本框中设置填充序列的数量,这里只需在"终止值"文本框中输入数据"13",完成后单击 确定 按钮即可。

(3)返回工作簿中可看到填充的序列数据效果,如图 4-16 所示。

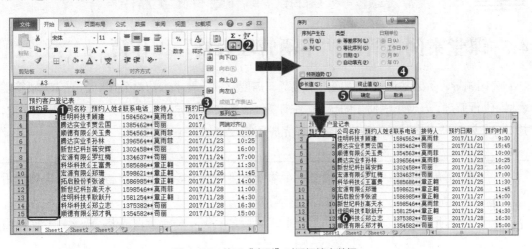

图 4-16 使用"序列"对话框填充数据

4.1.5 保存工作簿

微课视频

保存工作簿

在工作簿中输入数据后，为了方便以后查看和编辑，还需将其保存到计算机中的相应位置。保存工作簿很简单，编辑工作完成后直接关闭工作簿即可。下面将前面创建的工作簿以"预约客户登记表"为名进行保存，其具体操作如下。

（1）单击"文件"选项卡，在弹出的列表中选择"保存"选项。在打开的"另存为"对话框的"保存位置"列表框中选择文件保存路径，在"文件名"下拉列表框中输入"预约客户登记表 .xlsx"，然后单击 保存(S) 按钮。

（2）在工作簿的标题栏上可看到文档名变成"预约客户登记表"，如图 4-17 所示，且在计算机的保存位置也可找到保存的工作簿文件。

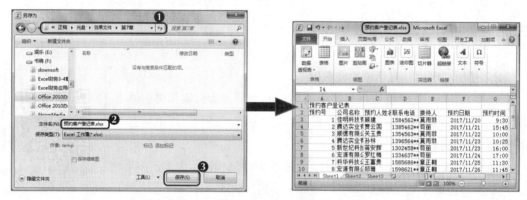

图 4-17　保存工作簿

关闭退出或另存工作簿

不再使用工作簿时，可单击右上角的"关闭"按钮 ✕ 关闭退出工作簿。与 Word 相同，单击"文件"选项卡，在弹出的列表中选择"另存为"选项，可将工作簿以不同名称或不同位置进行保存。

4.2　课堂案例：管理"车辆管理表格"工作簿

公司领导告诉米拉最近车辆使用不规范，需要整顿，要求米拉对公司以前的"车辆管理表格"进行整理，方便车辆使用的登记、统计等。在老洪的指导下，米拉马不停蹄地开始学习，并对"车辆管理表格"工作簿进行管理，完成后的效果如图 4-18 所示。

素材所在位置　素材文件 \ 第 4 章 \ 课堂案例 \ 车辆管理表格 .xlsx、车辆费用支出 .xlsx

效果所在位置　效果文件 \ 第 4 章 \ 课堂案例 \ 车辆管理表格 .xlsx、车辆费用支出 .xlsx

图 4-18　"车辆管理表格"工作簿的效果

职业素养

"车辆管理表格"的统计范围

企事业单位用"车辆管理表格"对车辆使用进行登记、管理和控制。"车辆管理表格"一般应包含车辆使用申请、车辆使用报表和车辆费用报表等，分别用于规范车辆申请使用、对车辆使用情况进行登记以及对车辆耗费费用进行统计等。

4.2.1　插入和重命名工作表

在工作中工作簿中默认的工作表数量有时不能满足实际需求，此时就需要在工作簿中插入新的工作表，并且为了方便记忆和管理，通常会将工作表命名为与所展示内容相关联的名称。下面在"车辆管理表格 .xlsx"工作簿中插入和重命名工作表，其具体操作如下。

微课视频

插入和重命名工作表

（1）在计算机中打开保存"车辆管理表格 .xlsx"工作簿的位置，双击"车辆管理表格"工作簿的图标，打开"车辆管理表格"工作簿，如图 4-19 所示。

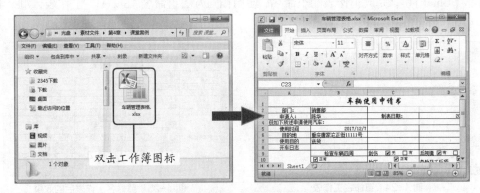

双击工作簿图标

图 4-19　打开已有的"车辆管理表格"工作簿

（2）在"Sheet1"工作表名称上单击鼠标右键，在弹出的右键快捷菜单中选择"插入"命令，如图 4-20 所示。

（3）在打开的"插入"对话框中单击"常用"选项卡，在列表框中选择"工作表"选项，单击 确定 按钮，如图 4-21 所示。

图 4-20 执行"插入"命令　　　　　　　图 4-21 选择插入工作表的类型

（4）此时将在"Sheet1"工作表的左侧插入一张空白的工作簿，并自动命名为"Sheet2"，如图 4-22
　　　所示。

（5）在"Sheet2"工作表名称上单击鼠标右键，在弹出的快捷菜单中选择"重命名"命令，
　　　如图 4-23 所示。

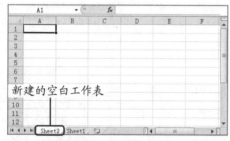

图 4-22 新建空白工作表　　　　　　　图 4-23 执行"重命名"命令

（6）此时工作表标签呈黑底可编辑状态，在其中输入工作表名称即可，如输入"车辆使用
　　　月报表"，如图 4-24 所示。

（7）按【Enter】键，完成工作表的重命名，使用相同方法重命名"Sheet1"工作表，如图 4-25
　　　所示。

图 4-24 重命名工作表　　　　　　　图 4-25 重命名工作表后的效果

快速插入空白工作表和重命名

　　单击"开始"选项卡，在"单元格"组中，单击"插入"按钮，
在弹出的下拉列表中选择"插入工作表"选项，可直接在当前工作表的
后面插入空白工作表；在工作表名称上双击，可直接进入编辑状态，然
后重命名工作表。

Office 2010 办公应用立体化教程（微课版）

98

4.2.2 移动、复制和删除工作表

在实际应用中有时会将某些表格内容集合到一个工作簿中，此时若利用移动或复制对工作表进行操作，将使工作效率大大提高。对于工作簿中不需要的工作表，可将其删除。下面将"车辆费用支出"工作簿中多余的工作表删除，然后将"车辆费用预报表"工作表复制到"车辆管理表格"工作簿中，并在"车辆管理表格"工作簿中移动工作表，其具体操作如下。

（1）打开"车辆费用支出"工作簿，在"Sheet2"工作表标签上单击鼠标右键，在弹出的快捷菜单中选择"删除"命令，删除该空白工作表，如图 4-26 所示。

（2）然后使用相同方法将"Sheet3"工作表删除，删除后的效果如图 4-27 所示。

图 4-26 执行"删除"命令

图 4-27 删除工作表后的效果

（3）在"车辆费用支出"工作簿中单击"开始"选项卡，选择"单元格"组，单击"格式"按钮，在弹出的列表中选择"移动或复制工作表"选项。

（4）打开"移动或复制工作表"对话框，在"工作簿"列表框中选择要移动或复制到的工作簿选项，这里选择"车辆管理表格.xlsx"选项，在"下列选定工作表之前"列表框中选择"（移至最后）"选项，设置工作表移动位置，单击选中☑建立副本(C)复选框，复制工作表，单击 确定 按钮，如图 4-28 所示。

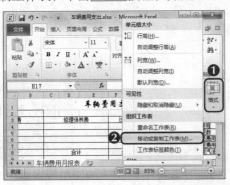

图 4-28 将工作表复制到不同工作簿中

在同一工作簿中移动或复制工作表

若在"工作簿"列表框中选择"车辆费用支出.xlsx"选项，表示在同一个工作簿中移动或复制。在"移动或复制工作表"对话框撤销选中☐建立副本(C)复选框，表示移动工作表。

第 4 章 Excel 基础操作

99

（5）此时，自动切换到"车辆管理表格"工作簿，可查看到复制的"车辆费用月报表"工作表，如图 4-29 所示。

（6）在"车辆管理表格"工作簿中选择"车辆使用申请表"工作表，然后按住鼠标左键，拖动鼠标，当鼠标光标在"车辆费用月报表"工作表后方显示时，释放鼠标，如图 4-30 所示。

图 4-29　复制工作表的效果

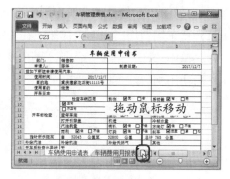

图 4-30　移动工作表

（7）返回工作簿，可查看到此时"车辆使用申请表"工作表被移动到"车辆费用月报表"工作表的后面，如图 4-31 所示。

图 4-31　移动工作表的效果

知识提示

拖动复制工作表

用鼠标单击工作表标签选择工作表，按住【Ctrl】键的同时，按住鼠标左键不放，拖动鼠标光标到目标位置释放鼠标，可将工作表复制到目标位置。

4.2.3　设置工作表标签颜色

Excel 中默认的工作表标签颜色是相同的，为了区别工作簿中的各个工作表，除了对工作表进行重命名外，还可以为工作表的标签设置不同颜色加以区分。下面在"车辆管理表格.xlsx"工作簿中将"车辆使用申请表"工作表标签的颜色设置为"红色"，其具体操作如下。

（1）在"车辆管理表格.xlsx"工作簿中选择需要设置颜色的工作表标签，这里选择"车辆使用申请表"工作表，单击鼠标右键，在弹出的快捷菜单中选择"设置工作表标签颜色"命令，在弹出的子菜单中任意选择一种颜色选项，这里选择"红色"图标。

（2）此时"车辆使用申请表"工作表标签显示为红色，如图 4-32 所示。

微课视频

设置工作表标签颜色

图 4-32　设置工作表标签颜色

知识提示

更多颜色选择和取消颜色设置

在右键子菜单中选择"其他颜色"命令，在打开的"颜色"对话框中可选择更多的颜色。要取消工作表标签的颜色设置，只需在右键子菜单中执行"无颜色"命令。

4.2.4　隐藏和显示工作表

为了防止重要的数据信息外泄，可以将含有重要数据的工作表隐藏起来，待需要使用时再将其显示出来。下面在"车辆管理表格.xlsx"工作簿中介绍隐藏和显示工作表的方法，其具体操作如下。

微课视频

隐藏和显示工作表

（1）单击"车辆使用月报表"工作表标签选择该工作表，按住【Ctrl】键单击"车辆费用月报表"工作表标签，同时选择这两张工作表，然后单击鼠标右键，在弹出的右键快捷菜单中选择"隐藏"命令。

（2）返回工作簿，可看到选择的工作表被隐藏，如图 4-33 所示。

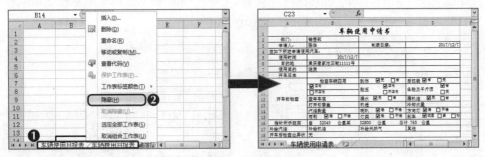

图 4-33　隐藏工作表

（3）在显示的"车辆使用申请表"工作表标签上单击鼠标右键，在弹出的快捷菜单中选择"取消隐藏"命令。

（4）打开"取消隐藏"对话框，在"取消隐藏工作表"列表框中显示了被隐藏的工作表，选择要重新显示的工作表，这里选择"车辆费用月报表"选项。

（5）单击 确定 按钮，返回工作簿，可看到"车辆费用月报表"工作表重新显示，而"车辆使用月报表"被隐藏，如图 4-34 所示。

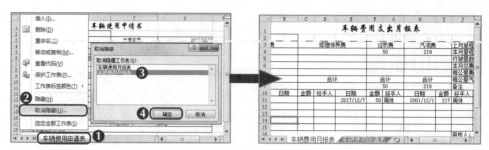

图 4-34　显示隐藏的工作表

4.2.5　保护工作表

保护工作表是防止在未经授权的情况下对工作表进行插入、重命名、移动或复制等操作。下面在"员工信息登记表 4"工作簿中对"车辆费用月报表"工作表进行保护设置（密码为 12345），其具体操作如下。

微课视频

保护工作表

（1）在工作表标签上单击鼠标右键，在弹出的快捷菜单中选择"保护工作表"命令。

多学一招

保护工作表的其他方法

选择要进行保护的工作表后，单击"审阅"选项卡，选择"更改"组，单击"保护工作表"按钮，也可进行保护操作。

（2）打开"保护工作表"对话框，在"取消工作表保护时使用的密码"文本框中输入密码"12345"，在"允许此工作表的所有用户进行"列表框中设置用户可对该工作表进行的操作，单击 确定 按钮。在打开的"确认密码"对话框中的"重新输入密码"文本框中输入相同的密码"12345"，单击 确定 按钮，如图 4-35 所示。

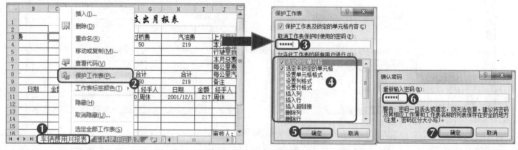

图 4-35　保护工作表设置

知识提示

撤销工作表保护设置

对于设置了保护的工作表，在未经授权的情况下，不能对工作表进行编辑操作；若需编辑工作表，要单击"审阅"选项卡，在"更改"组中单击"撤销工作表保护"按钮，在打开的"撤消工作表保护"对话框中输入设置保护时的密码，最后单击 确定 按钮即可。

4.3 项目实训

本章通过制作"来访客户登记表"、管理"车辆管理表格"工作簿两个课堂案例,讲解了 Excel 基础操作,其中输入数据、快速填充数据、重命名工作表、移动与复制工作表等操作,是日常办公中经常使用的知识点,应重点学习和把握。下面通过两个项目实训,将本章学习的知识灵活运用起来。

4.3.1 制作"加班记录表"工作簿

1. 实训目标

本实训的目标是制作"加班记录表"工作簿,由于该类表格数据类型相似,在相同列输入数据即可填充相同数据,再进行修改,提高制作效率。本例主要练习输入数据的操作。本实训的最终效果如图 4-36 所示。

 效果所在位置 效果文件 \ 第 4 章 \ 项目实训 \ 加班记录表 .xlsx

图 4-36 "加班记录表"工作簿效果

2. 专业背景

加班记录表是公司经常用到的表格类型,用于记录员工的加班情况,它将影响员工的工资。加班记录表通常需要包括以下内容。

- **员工姓名和编号**:员工姓名和编号需要记录正确,否则容易引发纠纷。
- **加班事项**:加班事项是指员工加班做的具体事情。
- **加班日期**:加班日期是记录加班的日期,是一项重要的凭据。
- **加班时间**:加班时间是指加班用时,加班涉及的工资通常以单价乘以用时计算。

3. 操作思路

本实训较简单,完成"加班记录表"表格首先新建保存表格,然后在 A1 单元格中输入表格标题,在 A2 列单元格区域输入表头内容,接着依次在对应的单元格使用不同的方法输入具体的数据信息。

【步骤提示】

(1)单击"文件"选项卡,在弹出的列表中选择"新建"选项,新建空白工作簿,然后单击"保存"

按钮以"加班记录表.xlsx"为名进行保存。分别输入标题和表头内容，然后填充编号，并输入其他数据。

（2）将工作表重命名为"加班记录表"。

4.3.2 管理"员工信息登记表"工作簿

微课视频

管理"员工信息登记表"工作簿

1. 实训目标

本实训的目标是管理"员工信息登记表"工作簿，通过实训练习工作表的基本操作，将员工信息相关的表格内容集合到"员工信息登记表"工作簿。本实训的最终效果如图 4-37 所示。

> **素材所在位置** 素材文件\第4章\项目实训\员工信息登记表.xlsx、员工生活照.xlsx
>
> **效果所在位置** 效果文件\第4章\项目实训\员工信息登记表.xlsx

图 4-37 "员工信息登记表"工作簿效果

2. 专业背景

"员工信息登记表"用于公司对新员工的信息进行详细记录，公司的性质、规模大小不同，员工信息登记表也有详有略，但是一般要包括姓名、性别和年龄等基本内容，然后是教育和培训经历、通信联系方式以及家庭成员关系等。

3. 操作思路

完成本实训较简单，依次进行插入工作表、重命名工作表、复制工作表、设置工作表标签颜色、隐藏工作表等操作。

【步骤提示】

（1）打开"员工信息登记表"工作簿，插入空白的"Sheet2"工作表，然后将"Sheet2"重命名为"职业生涯"，将"Sheet1"重命名为"员工信息登记"。

（2）打开"员工生活照.xlsx"工作簿，将其中的"生活照"工作表复制到"员工信息登记表.xlsx"工作簿。

（3）将"生活照"工作表标签的颜色设置为"蓝色"，然后将"职业生涯"工作表隐藏。

4.4 课后练习

本章主要介绍了 Excel 的基础操作，下面通过两个习题，使读者对各知识的应用方法及操作更加熟悉。

素材所在位置 素材文件\第 4 章\课后练习\日常办公费用登记表 .xlsx
效果所在位置 效果文件\第 4 章\课后练习\员工出差登记表 .xlsx、日常办公费用登记表 .xlsx

练习 1：制作"员工出差登记表"工作簿

下面新建空白工作簿，并进行保存，重命名相关联的工作表名称后，在其中输入数据，完成后的效果如图 4-38 所示。

操作要求如下。

- 新建"员工出差登记表"工作簿，将"Sheet2""Sheet3"工作表删除，将"Sheet1"重命名为"出差登记表"。
- 分别在对应的单元格中输入相应的数据内容。

微课视频
制作"员工出差登记表"工作簿

练习 2：管理"日常办公费用登记表"工作簿

下面将打开"日常办公费用登记表"工作簿，对工作表进行各项编辑操作，完成后的效果如图 4-39 所示。

操作要求如下。

- 删除"Sheet2"和"Sheet3"工作表，然后按住【Ctrl】键拖动鼠标复制 5 个"Sheet1"工作表，再将相应的工作表分别重命名为"1 月、2 月、……、6 月"，并设置"5 月""6 月"工作表标签颜色，完成后可修改工作表中的相应数据。
- 为"1 月"工作表设置保护，密码为"555555"。

微课视频
管理"日常办公费用登记表"工作簿

图 4-38 "员工出差登记表"工作簿效果

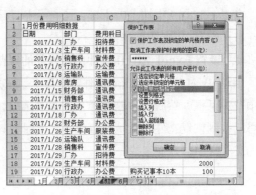

图 4-39 "日常办公费用登记表"工作簿效果

4.5 技巧提升

1. 设置默认工作表数量

默认情况下，新建工作簿中有 3 张工作表，如果在实际办公中经常需要在一个工作簿中制作大量工作表，除了在工作簿中插入所需的工作表外，还可修改新工作簿内的工作表数量，使每次启动 Excel 2010 后在工作簿中都有多张工作表备用。设置工作表数量的具体操作如下。

（1）启动 Excel 2010，单击"文件"选项卡，在弹出的列表中选择"选项"选项，在打开的"Excel 选项"对话框的"常规"选项卡的"包含的工作表数"数值框中输入所需的工作表数量，这里输入数值"6"，完成后单击 确定 按钮，并关闭当前工作簿。

（2）再次启动 Excel 后，工作簿中将包含所设置数量的工作表，如图 4-40 所示。

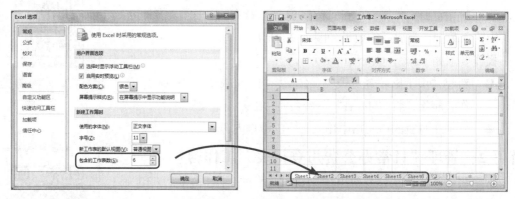

图 4-40　设置工作表数量

2. 在多个单元格中同时输入数据

如果多个单元格中需要输入同一数据时，还是采用直接输入的方法效率就比较低了，此时可以采用批量输入的方法：首先选择需要输入数据的单元格或单元格区域，如果需输入数据的单元格中有不相邻的，可以按住【Ctrl】键逐一进行选择。然后再单击编辑栏在其中输入数据，完成输入后按【Ctrl+Enter】组合键，数据就会被填充到所有被选择的单元格中。

3. 获取 Excel 2010 的帮助信息

在 Excel 2010 中按【F1】键，可打开帮助窗口，依次单击帮助信息对应的文字链接，便可在打开的窗口中对所需信息进行查看。

4. 设置 Excel 2010 文件自动恢复的保存位置

启动 Excel 2010，单击"文件"选项卡，在弹出的列表中选择"选项"选项，打开"Excel 选项"对话框，然后在左侧选择"保存"选项，在右侧界面的"自动恢复文件位置"文本框中可以看到恢复文件的默认保存位置，此时在该文本框中可输入常用文件夹路径，保存到常用的文件夹中，方便查找。

CHAPTER 5

第 5 章
Excel 表格编辑与美化

情景导入

　　米拉如今的学习情绪高涨，在掌握了相关的基础知识后，她自己也能够摸索出其他相关知识。这不，公司现在需要对"产品报价单"和"员工考勤表"进行编辑美化，自然而然，这项工作落在了米拉身上……

学习目标

● 掌握编辑表格的常用操作方法

　　掌握合并与拆分单元格、移动与复制数据、查找与替换数据、调整单元格行高与列宽、套用表格格式等操作。

● 掌握美化表格并进行打印输出的操作方法

　　掌握设置字体格式、设置数据格式、设置对齐方式、设置边框与底纹、设置打印页面和页边距、设置打印属性等操作。

案例展示

	A	B	C	D	E	F	G	H	I
1					产品报价单				
2	序号	货号	产品名称	净含量	包装规格	单价（元）	数量	总价（元）	备注
3	1	BS001	保湿洁面乳	105g	48支/箱	78	12		
4	2	BS002	保湿紧肤水	110ml	48瓶/箱	88	7		
5	3	BS003	保湿乳液	110ml	48瓶/箱	78	5		
6	4	BS004	保湿霜	35g	48瓶/箱	105	6		
7	5	MB006	美白深层洁面膏	105g	48支/箱	66	8		
8	6	MB009	美白活性营养滋润霜	35g	48瓶/箱	125	10		
9	7	MB010	美白精华露	30ml	48瓶/箱	128	15		
10	8	MB012	美白深层去角质霜	105ml	48支/箱	99	6		
11	9	MB017	美白黑眼圈防护霜	35g	48支/箱	138	9		
12	10	RF018	柔肤焕采面贴膜	1片装	288片/箱	20	5		
13	11	RF015	柔肤再生青春眼膜	2片装	1152袋/箱	10	4		

Sheet1 / Sheet2 / Sheet3 /

▲ "产品报价单"工作簿效果

5.1 课堂案例：编辑"产品报价单"工作簿

因为公司经常有客户咨询相关产品的价格，于是领导安排米拉快速编辑一份"产品报价单"表格对相关产品进行报价。老洪告诉米拉，制作这类表格时，一定要保证数据显示完整，有时需要修改其中的数据内容，或删除某些不需要的数据信息。经过不懈努力，米拉终于完成"产品报价单"的编辑，效果如图 5-1 所示。通过编辑表格，米拉掌握了编辑表格的常用方法，对老洪的指导相当感激。

素材所在位置	素材文件 \ 第 5 章 \ 课堂案例 \ 产品价格表 .xlsx、产品报价单 .xlsx
效果所在位置	效果文件 \ 第 5 章 \ 课堂案例 \ 产品报价单 .xlsx

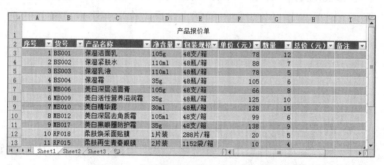

图 5-1 "产品报价单"工作簿的最终效果

"产品报价单"的制作要求及作用

"产品报价单"是公司为了让消费者对公司产品的价格等情况一目了然而制作的。在制作时，首先在公司的立场确定商品的实际情况，然后站在消费者的角度考虑，消费者一般需要了解产品的名称、规格和含量、价格等信息。

5.1.1 合并与拆分单元格

为了使制作的表格更加美观和专业，常常需要合并与拆分单元格，如将工作表首行的多个单元格合并以突出显示工作表的标题；若合并后的单元格不满足要求，则可拆分合并后的单元格。下面在"产品报价单"工作簿中合并并拆分单元格，其具体操作如下。

微课视频

合并与拆分单元格

（1）打开"产品报价单"工作簿，选择 A1:G1 单元格区域，在"开始"选项卡的"对齐方式"组中单击"合并后居中"按钮国或单击该按钮右侧的▼按钮，在弹出的列表中选择"合并后居中"选项。

（2）返回工作表中可看到所选的单元格区域已合并为一个单元格，且其中的数据自动居中显示，如图 5-2 所示。

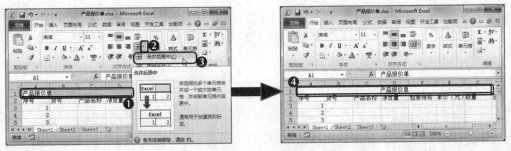

图 5-2　合并单元格

（3）当合并后的单元格不满足要求时，可拆分合并后的单元格，这里选择合并后的 A1 单元格，再次单击"合并后居中"按钮📊或单击该按钮右侧的 ▾ 按钮，在弹出的列表中选择"取消单元格合并"选项拆分已合并的单元格，如图 5-3 所示。

（4）重新选择 A1:I1 单元格区域，然后单击"合并后居中"按钮📊，将所选的单元格区域合并为一个单元格，且其中的数据自动居中显示，如图 5-4 所示。

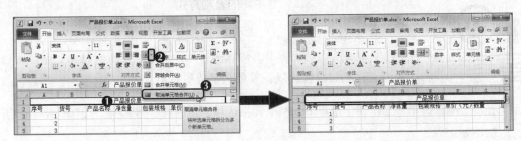

图 5-3　拆分单元格　　　　　　　　　图 5-4　重新合并单元格

知识提示

其他合并效果

　　单击"合并后居中"按钮📊右侧的 ▾ 按钮，在弹出的列表中选择"合并单元格"选项，将只合并单元格区域，而不居中显示其中的数据；选择"跨越合并"选项，则将同行中相邻的单元格进行合并。

5.1.2　移动与复制数据

　　当需要调整单元格中相应数据之间的位置，或在其他单元格中编辑相同的数据时，可利用 Excel 提供的移动与复制功能快速修改数据，以提高工作效率。下面将"产品价格表"工作簿中的相应数据复制到"产品报价单"工作簿中，然后移动数据，其具体操作如下。

微课视频

移动与复制数据

（1）打开"产品价格表"工作簿，在"BS 系列"工作表中选择 A3:E6 单元格区域，在"开始"选项卡的"剪贴板"组中单击"复制"按钮📋。

（2）在"产品报价单"工作簿中选择 B3 单元格，然后单击"剪贴板"组中的"粘贴"按钮📋完成数据的复制，如图 5-5 所示。

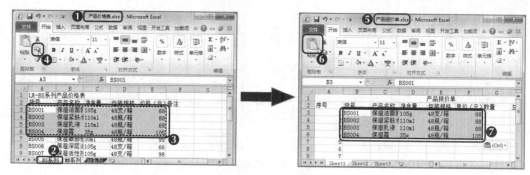

图 5-5　复制数据

（3）用相同的方法将"产品价格表"工作簿的"MB 系列"工作表的 A11:E12 单元格区域和 "RF 系列"工作表的 A17:E20 单元格区域中的数据分别复制到"产品报价单"工作簿 的 B7 和 B9 单元格中。

不同的复制方式

　　完成数据的复制后，目标单元格的右下角将出现"粘贴选项"按钮 🛈(Ctrl)▾，单击该按钮，在弹出的列表中可选择以不同的方式复制数据，如 粘贴源格式、粘贴数值，以及其他粘贴选项等。

（4）在"产品报价单"工作簿中选择 B9:F9 单元格区域，然后在"剪贴板"组中单击"剪切" 按钮 ✂ 。

（5）选择 B13 单元格，在"剪贴板"组中单击"粘贴"按钮 📋 完成数据的移动，如图 5-6 所示。

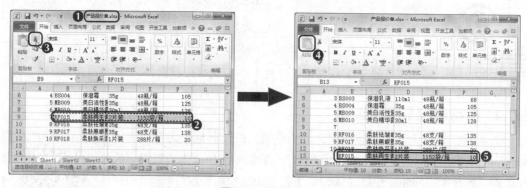

图 5-6　移动数据

使用快捷键复制移动数据

　　选择需移动或复制数据的单元格，按【Ctrl+X】组合键可剪切数据， 完成后将鼠标光标移至目标单元格，按【Ctrl+C】组合键可复制数据， 按【Ctrl+V】组合键即可粘贴数据。

5.1.3 插入与删除单元格

在编辑表格数据时，若发现工作表中有遗漏的数据，可在已有表
格数据的所需位置插入新的单元格、行或列输入数据；若发现有多余
的单元格、行或列时，则可将其删除。插入单元格的方法与删除单元
格的方法相似，下面在"产品报价单"工作簿中插入与删除单元格，
其具体操作如下。

微课视频

插入与删除单元格

（1）选择 B7:F7 单元格区域，在"开始"选项卡的"单元格"组中单击"插入"按钮 下
　　　方的 按钮，在弹出的列表中选择"插入单元格"选项。
（2）在打开的"插入"对话框中单击选中 活动单元格下移(I) 单选项，单击 确定 按钮，插入单
　　　元格区域后同一列中的其他单元格将向下移动，如图 5-7 所示。

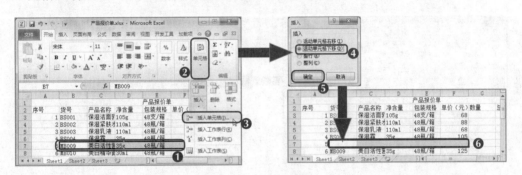

图 5-7　插入单元格

（3）选择 B10:F10 单元格区域，在"单元格"组中单击"删除"按钮 下方的 按钮，在弹
　　　出的列表中选择"删除单元格"选项。
（4）在打开的"删除"对话框中单击选中 下方单元格上移(U) 单选项，单击 确定 按钮即可删除单
　　　元格区域，如图 5-8 所示。

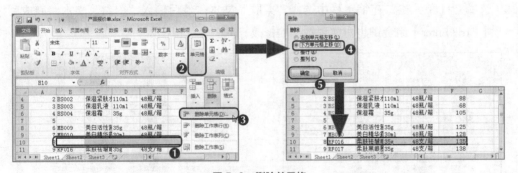

图 5-8　删除单元格

多学一招

在功能区中插入或删除单元格

　　在"单元格"组中单击"插入"按钮 下方的 按钮，在弹出的列
表中可执行相同的插入操作；在"单元格"组中单击"删除"按钮 下
方的 按钮，在弹出的列表中可执行相同的删除操作。

第 5 章　Excel 表格编辑与美化

5.1.4　清除与修改数据

在单元格中输入数据后，难免会出现输入错误或数据发生改变等情况，此时可以清除不需要的数据，并将其修改为所需的数据。下面在"产品报价单"工作簿中清除与修改数据，其具体操作如下。

（1）在A13单元格中输入数据"11"，然后将"产品价格表"工作簿的"MB系列"工作表的 A8:E8 单元格区域中的数据复制到"产品报价单"工作簿的 B7:F7 单元格区域中。

（2）选择 B10:F10 单元格区域，在"编辑"组中单击"清除"按钮，在打开的列表中选择"清除内容"选项。

（3）返回工作表中可看到所选单元格区域中的数据已被清除，如图 5-9 所示。

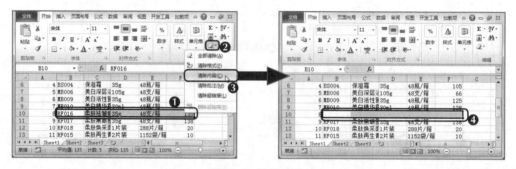

图 5-9　清除数据

（4）将"产品价格表"工作簿的"MB系列"工作表的 A14:E14 单元格区域中的数据复制到"产品报价单"工作簿的 B10:F10 单元格区域中，然后双击 B11 单元格，选择其中的"RF"文本，直接输入"MB"文本后按【Ctrl+Enter】组合键，即可修改所选的数据，如图 5-10 所示。

（5）选择 C11 单元格，在编辑栏中选择"柔肤"文本，然后输入"美白"文本，完成后按【Ctrl+Enter】组合键也可实现数据的修改，如图 5-11 所示。

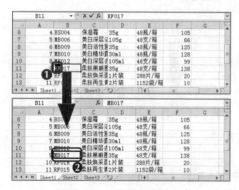

图 5-10　双击单元格修改数据

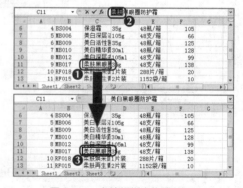

图 5-11　在编辑栏中修改数据

5.1.5　查找与替换数据

在 Excel 表格中手动查找与替换某个数据将非常麻烦，且容易出错，此时可利用查找与替换功能，快速定位到满足查找条件的单元格中，并将单元格中的数据替换为需要的数据。产品报价单中，产品的单价可根据行情在原基础上浮动，下面在"产品报价单"工作簿中查找单价为"68"的数据，将其替换为"78"，其具体操作如下。

（1）选择 A1 单元格，在"开始"选项卡的"编辑"组中单击"查找和替换"按钮 ，在弹出的列表中选择"查找"选项。

（2）在打开的"查找和替换"对话框中单击"替换"选项卡，在"查找内容"文本框中输入数据"68"，在"替换为"文本框中输入数据"78"，然后单击 查找下一个(F) 按钮，在工作表中将查找到第一个符合条件的数据所在的单元格，并选择该单元格，如图 5-12 所示。

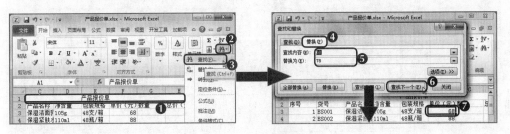

图 5-12　设置查找与替换条件

（3）单击 查找全部(I) 按钮，在"查找和替换"对话框的下方区域将显示所有符合条件数据的具体信息。单击 替换(R) 按钮，在工作表中将替换选择的第一个符合条件的单元格数据，且自动选择下一个符合条件的单元格。

（4）单击 全部替换(A) 按钮，在工作表中替换所有符合条件的单元格数据，且打开提示对话框，单击 确定 按钮，然后单击 关闭 按钮关闭"查找和替换"对话框，返回工作表中可看到查找与替换数据后的效果，如图 5-13 所示。

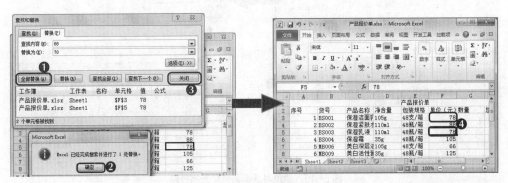

图 5-13　替换所有符合条件的数据

5.1.6　调整单元格行高与列宽

默认状态下，单元格的行高和列宽是固定不变的，但是当单元格中的数据太多而不能完全显示其内容时，则需要调整单元格的行高或列宽，使单元格内容能够完全显示。下面在"产品报价单"工作簿中调整单元格行高与列宽，其具体操作如下。

（1）选择 C 列，在"开始"选项卡的"单元格"组中单击"格式"按钮▦，在弹出的列表中选择"自动调整列宽"选项，如图 5-14 所示，返回工作表中可看到 C 列变宽且其中的数据完整显示出来。

（2）将鼠标光标移到第 1 行行号间的间隔线上，当鼠标光标变为➕形状时，按住鼠标左键不放向下拖动，此时鼠标光标右侧将显示具体的数据，待拖动至适合的距离后释放鼠标，如图 5-15 所示。

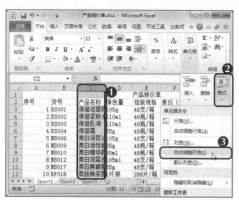

图 5-14　自动调整列宽

图 5-15　使用鼠标拖动调整行高

（3）选择第 2~13 行，在"开始"选项卡的"单元格"组中单击"格式"按钮▦，在弹出的列表中选择"行高"选项。

（4）在打开的"行高"对话框的数值框中默认显示为"13.5"，这里输入数字"15"，单击 确定 按钮，在工作表中可看到第 2~13 行的行距变宽了，如图 5-16 所示。

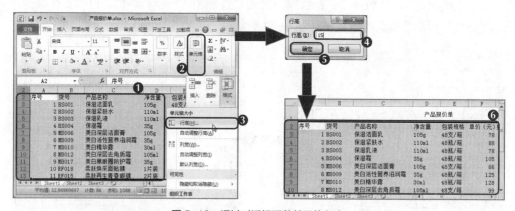

图 5-16　通过对话框调整单元格行高

5.1.7　套用表格格式

　　如果用户希望工作表更美观，但又不想浪费太多的时间设置工作表格式，此时可利用自动套用工作表格式功能直接调用系统中已设置好的表格格式，这样不仅可提高工作效率，还可保证表格格式的质量。下面在"产品报价单"工作簿中套用表格格式，其具体操作如下。

微课视频

套用表格格式

（1）选择 A2:I13 单元格区域，在"开始"选项卡的"样式"组中单击"套用表格格式"按
钮 ，在弹出的列表中选择"表样式中等深浅 10"选项。

（2）由于已选择了套用范围的单元格区域，这里只需在打开的"套用表格式"对话框中单击
    确定 按钮即可，如图 5-17 所示。

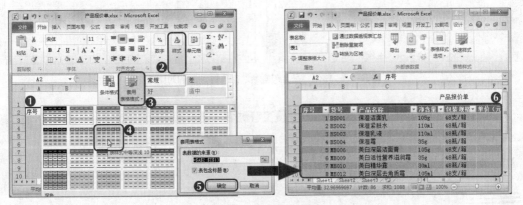

图 5-17　套用表格格式

知识提示

转换为普通单元格区域

套用表格格式后，将激活表格工具"设计"选项卡，在"工具"组
中单击 转换为区域 按钮可将套用的表格格式转换为区域，即转换为普通的
单元格区域，取消筛选功能。

5.2　课堂案例：设置并打印"员工考勤表"工作簿

临近月底，公司相关领导将查看员工的考勤情况，还提出一个要求，那就是一定要美观。
面对公司领导的硬性要求，米拉一时半会儿不知道该怎么办，并且想着事情绝不能给搞砸了。
这个时候，米拉第一时间想到的是老洪，她急不可耐地请求老洪给予帮助，老洪让米拉不要
着急，称完成任务很简单，随即分析到，其实要对表格进行美化，不外乎是对其中的内容进
行美化，如字体格式、对齐方式以及为表格设置边框和底纹等。米拉在老洪的指导下，开始
按部就班地工作，完成了"员工考勤表"的美化设置，如图 5-18 所示。并且，最后将表格
打印输出到纸张上。

素材所在位置　素材文件＼第 5 章＼课堂案例＼员工考勤表 .xlsx
效果所在位置　效果文件＼第 5 章＼课堂案例＼员工考勤表 .xlsx

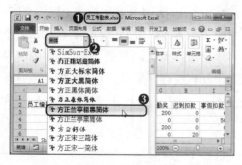

图 5-18　美化"员工考勤表"工作簿前后的对比效果

职业素养

"员工考勤表"的实际意义

"员工考勤表"是公司从事行政工作的员工最常制作的表格之一，有的公司会将考勤表打印到纸张上，在内部公布。它往往会与员工的工资挂钩。通常"员工考勤表"用于记录员工迟到、请假以及扣除工资的处罚等情况。

5.2.1　设置字体格式

微课视频

设置字体格式

在单元格中输入的数据都是 Excel 默认的字体格式，这让制作完成后的表格看起来没有主次之分。为了让表格内容表现更加直观，有利于以后对表格数据进行进一步的查看与分析，可对单元格中的字体格式进行设置。下面在"员工考勤表"工作簿中设置字体格式，其具体操作如下。

（1）打开"员工考勤表 .xlsx"工作簿，选择 A1 单元格，在"开始"选项卡的"字体"组的"字体"下拉列表框中选择"方正兰亭粗黑简体"选项，如图 5-19 所示。

（2）在"字体"组的"字号"列表框中选择"18"选项，如图 5-20 所示。

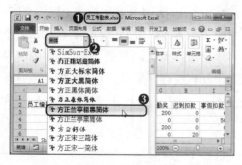

图 5-19　设置字体

图 5-20　设置字号

（3）在"字体"组的右下角单击对话框扩展按钮，在打开的"设置单元格格式"对话框中单击"字体"选项卡，在"下划线"列表框中选择"会计用双下划线"选项，在"颜色"列表框中选择"深红"选项，完成后单击 确定 按钮，如图 5-21 所示。

图 5-21　通过对话框设置字体下划线和颜色

设置字体的特殊效果

　　在"设置单元格格式"对话框的"字体"选项卡中不仅可以设置单元格或单元格区域中数据的字体、字形、字号、下划线和颜色，还可设置特殊效果，如删除线、上标和下标。

（4）选择 A2:J2 单元格区域，设置其字体为"方正中等线简体"，字号为"12"，然后在"字体"组中单击"倾斜"按钮 *I* 设置其字形为倾斜效果，如图 5-22 所示。

（5）在"字体"组中单击"字体颜色"按钮 **A** 右侧的 ˅ 按钮，在弹出的列表中选择"橙色，强调文字颜色 6，深色 50%"选项，如图 5-23 所示。

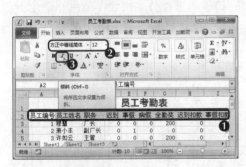

图 5-22　设置字形

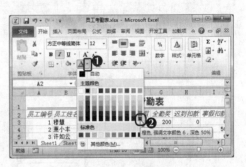

图 5-23　设置颜色

5.2.2　设置数据格式

　　不同领域对单元格中数字的类型有不同的需求，因此，Excel 提供了多种数字类型，如数值、货币和日期等。为便于区别数据，则可设置合适的数字格式。下面在"员工考勤表"工作簿中设置数据格式，其具体操作如下。

微课视频

设置数据格式

（1）选择 A3:A18 单元格区域，在"开始"选项卡的"数字"组右下角单击对话框扩展按钮 。

（2）在打开的"设置单元格格式"对话框的"数字"选项卡的"分类"列表框中选择"自定义"选项，在"类型"文本框中输入"000"，单击 确定 按钮，如图 5-24 所示，返回工作表中可看到所选区域的数据显示为以"0"开头的数据格式。

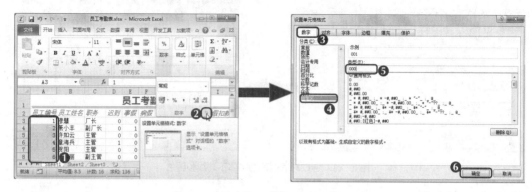

图 5-24　自定义以"0"开头的数据格式

（3）选择 G3:J18 单元格区域，在"开始"选项卡的"数字"组的"常规"列表框中选择"货币"选项。

（4）返回工作表中可看到所选区域的数据格式变成了货币类型，如图 5-25 所示。

在功能区设置

在"数字"组的"常规"列表框中选择"数字""日期""时间""文本"等选项可快速设置所需的数据格式，单击"会计数字格式"按钮 ▦ 或单击该按钮右侧的 ▾ 按钮，可设置货币样式；单击"百分比样式"按钮 % 可设置百分比样式；单击"千位分隔样式"按钮，可设置千位分隔样式；单击"增加小数位数"按钮 ⬚ 或"减少小数位数"按钮 ⬚ 按钮可增加或减少小数位数。

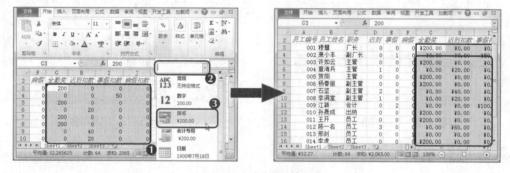

图 5-25　设置货币格式

5.2.3　设置对齐方式

在 Excel 中不同的数据默认有不同的对齐方式，为了更方便地查阅表格，使表格更加整齐，可设置单元格中数据的对齐方式。下面在"员工考勤表"工作簿中设置对齐方式，其具体操作如下。

（1）选择 A2:J2 单元格区域，在"开始"选项卡的"对齐方式"组中单击"居中"按钮 ▤ 使所选区域的数据居中显示，如图 5-26 所示。

微课视频

设置对齐方式

（2）选择 A3:J18 单元格区域，在"开始"选项卡的"对齐方式"组中单击"左对齐"按钮
　　　使所选区域的数据左对齐，如图 5-27 所示。

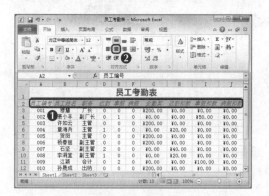
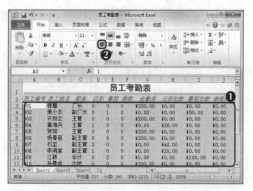

　　图 5-26　设置对齐方式为"居中"　　　　　　图 5-27　设置对齐方式为"左对齐"

5.2.4　设置边框与底纹

微课视频

设置边框与底纹

　　　　Excel 表格的边线默认情况下是不能被打印输出的，有时为了适应
办公的需要，常常要求打印出表格的边框，此时可为表格添加边框。
为了突出显示内容，还可为某些单元格区域设置底纹颜色。下面在"员
工考勤表"工作簿中设置边框与底纹，其具体操作如下。

（1）选择 A2:J18 单元格区域，在"字体"组中单击"下框线"按钮　　右侧的　按钮，在弹
　　　出的列表中选择"其他边框"选项。

（2）在打开的"设置单元格格式"对话框的"边框"选项卡的"样式"列表框中选择"———
　　　"选项，在"颜色"列表框中选择"橙色，强调文字颜色 6，深色 50%"选项，在"预
　　　置"栏中单击"外边框"按钮　　，继续在"样式"列表框中选择"———"选项，在"预
　　　置"栏中单击"内部"按钮　　，完成后单击　确定　按钮，如图 5-28 所示。

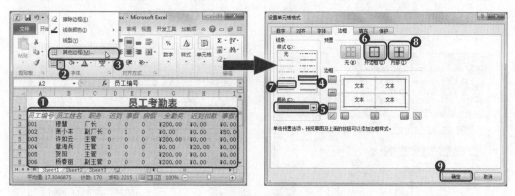

图 5-28　设置边框

（3）选择 A2:J2 单元格区域，在"字体"组中单击"填充颜色"按钮　　右侧的　按钮，在
　　　弹出的列表中选择"红色，强调文字颜色 2，淡色 80%"选项，返回工作表中可看到设
　　　置边框与底纹后的效果，如图 5-29 所示。

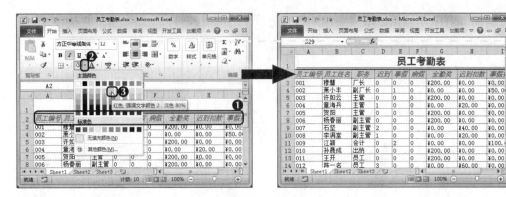

图 5-29　设置底纹

5.2.5　打印工作表

对于商务办公来说，编辑美化后的表格通常需要通过纸张将其打印出来，让公司人员或客户查看。为了在纸张中完美呈现表格内容，就需要对工作表的页面、打印范围等进行设置，完成设置后，可预览打印效果。下面主要介绍设置打印工作表的相关操作方法。

1. 设置页面布局

设置页面的布局方式主要包括打印纸张的方向、缩放比例、纸张大小等方面的内容，这些都可通过"页面设置"对话框进行。下面将在"员工考勤表"工作簿中设置打印方向为"横向"，缩放比例为"150"，纸张大小为"A4"，表格内容居中，并进行打印预览，其具体操作如下。

微课视频

设置页面布局

（1）单击"页面布局"选项卡，选择"页面设置"组，单击右下角的对话框扩展按钮 🔲，如图 5-30 所示。

（2）打开"页面设置"对话框，在"页面"选项卡的"方向"栏中单击选中⊙横向(L)单选项，在"缩放比例"文本框中输入"150%"，在"纸张大小"栏中选择"A4"选项，如图 5-31所示。

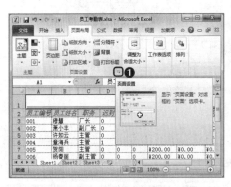

图 5-30　打开"页面设置"对话框

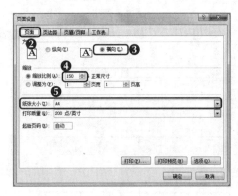

图 5-31　设置"页面"

在"页面布局"选项卡中设置

打开"页面设置"对话框，可对表格页面进行全面设置，若要快速地完成页面的设置，可以直接在"页面布局"选项卡中，单击各选项按钮，然后根据需要在列表中选择合适选项或进行相应设置。

（3）单击"页边距"选项卡，在"居中方式"栏中单击选中☑水平②复选框和☑垂直②复选框，单击 打印预览⑩ 按钮，如图 5-32 所示，在"打印"界面右侧查看设置后的表格打印效果，如图 5-33 所示。

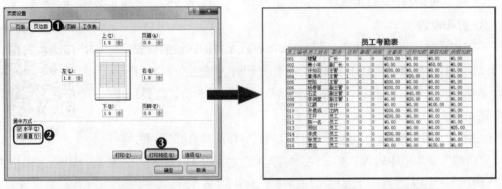

| 图 5-32　设置页边距 | 图 5-33　预览打印效果 |

在"页面布局"模式中预览

除了在"打印"界面进行预览外，还可以在"页面布局"模式中预览表格打印效果。单击"视图"选项卡，选择"工作簿视图"组，单击"页面布局"按钮 ，进入"页面布局"预览模式，在该预览模式下，可对页面设置进行调整，如拖动鼠标调整页边距等。

2. 设置打印区域

工作簿中涉及的信息有时过多，如果只需要其中的部分数据信息时，打印整个工作簿就会浪费资源。那么，在实际打印中可根据需要设置打印范围，只打印需要的部分。下面将"员工考勤表"工作簿的A1:J11 单元格区域设置为打印区域，其具体操作如下。

微课视频

设置打印区域

（1）首先在工作表中选择要打印的A1:J13 单元格区域，单击"页面布局"选项卡，选择"页面设置"组，单击 打印区域 按钮，在弹出的列表中选择"设置打印区域"选项，如图 5-34 所示。

（2）单击"文件"选项卡，在弹出的列表中选择"打印"选项，查看打印预览效果，如图 5-35 所示。

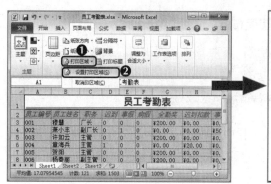

图 5-34　设置打印区域

图 5-35　预览打印表格区域的效果

3. 打印设置

在完成表格的页面、页边距、页眉页脚内容以及打印区域的设置后，就可以使用打印机将表格打印出来。在开始打印时，需要选择打印机、打印表格的份数等。下面将"员工考勤表"表格打印 5 份，其具体操作步骤如下。

（1）单击"文件"选项卡，选择"打印"组，打开"打印"界面，在"份数"文本框中输入"5"，在"打印机"栏中选择与计算机连接的打印机，单击"打印机"栏中的"打印机属性"超链接，如图 5-36 所示。

（2）打开打印机的属性对话框，选择"布局"选项卡，在"方向"列表框中选择"横向"选项，如图 5-37 所示。

（3）单击 确定 按钮，返回"打印"界面，单击"打印"按钮 🖨 即可将表格按照打印设置打印输出到纸张上。

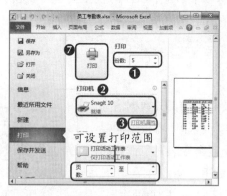

图 5-36　打印设置

图 5-37　打印方向设置

多学一招

设置打印页数范围

打开"打印"界面，在"设置"栏中可设置打印区域，在"页数"栏中可设置打印表格的页码，如打印 1-3 页，可输入"1-3"；如打印第 1 页和第 3 页，则输入"1,3"，依此类推。

5.3 项目实训

本章通过编辑"产品报价单"表格、设置并打印"员工考勤表"表格两个课堂案例，讲解了 Excel 表格编辑与美化的相关知识，其中移动与复制数据、插入与删除单元格、清除与修改数据、查找与替换数据、设置字体格式、设置边框与底纹等，是日常办公中经常使用的知识点，应重点学习和把握。下面通过两个项目实训，将本章学习的知识灵活运用。

5.3.1 制作"往来客户一览表"工作簿

1. 实训目标

本实训的目标是制作往来客户一览表，制作该类表格，要注意内容的对齐，从而使内容清晰显示。本例需要在已有的工作表中编辑数据，如合并单元格、修改数据、查找和替换数据等，然后设置字体格式、对齐方式和数字格式等，完成后套用表格格式。本实训的最终效果如图 5-38 所示。

微课视频

制作"往来客户一览表"工作簿

 素材所在位置 素材文件 \ 第 5 章 \ 项目实训 \ 往来客户一览表 .xlsx

效果所在位置 效果文件 \ 第 5 章 \ 项目实训 \ 往来客户一览表 .xlsx

法人代	联系	电话	传真	企业邮箱	地址	账号	合作性质	建立合作关系时
张大东	王宝	1875382****	0571-665****	gongbao@163.net	杭州市下城区文晖路	95599044586625****	一级代理商	2016/5/15
李祥瑞	李丽	1592125****	010-664****	xisngrui@163.net	北京市西城区金融街	95599044586235****	供应商	2016/10/1
王均	王均	1332132****	025-668****	weiyuan@163.net	南京市浦口区海院路	95599044586235****	一级代理商	2016/10/10
郑志国	罗鹏程	1892129****	0769-667****	mingming@163.net	东莞市东莞大道	95599044586625****	供应商	2016/12/5
邓杰	谢巧巧	1586987****	021-666****	chengrui@163.net	上海浦东新区	95599044586235****	供应商	2017/5/1
李林峰	郑红梅	1336582****	0755-672****	xingbang@163.net	深圳南山区科技园	95599044586625****	供应商	2017/8/10
陈科	郭林	1345133****	027-668****	yaci@163.net	武汉市汉阳区芳草路	95599044586625****	一级代理商	2017/1/1
李睿	江丽娟	1852686****	020-670****	kangtai@163.net	广州市白云区白云大道南	95599044586235****	一级代理商	2017/5/25
姜芝华	姜芝华	1362126****	028-663****	huatai@163.net	成都市一环路东三段	95599044586625****	供应商	2017/9/10
蒲建国	曾静	1365630****	010-671****	rongming@163.net	北京市丰台区东大街	95599044586625****	一级代理商	2017/1/20

往来客户一览表

图 5-38 "往来客户一览表"工作簿的最终效果

2. 专业背景

往来客户一览表是公司对于往来客户在交易上的原始资料整理，用来记录往来客户信息，如往来客户的企业名称、联系人、信用，以及与本公司的合作性质等。在制作这类表格时，应定期对交易往来客户作调查，及时更新有关交易往来客户的变化情况，交易往来客户如果解散或与本公司的交易关系解除，应尽快将其从交易往来客户一览表中删除，并将其与交易往来客户原始资料分别保管。

3. 操作思路

完成本实训可在提供的素材文件中编辑表格数据，如合并单元格、删除行、修改数据、查找和替换数据等，然后设置字体格式、对齐方式，以及设置数字格式，输入以"0"开头和 11 位以上的数字以"文本"形式显示等，完成后直接套用表格格式，其操作思路如图 5-39 所示。

① 编辑并设置数据格式　　② 设置字体格式与对齐方式　　③ 套用表格格式

图 5-39　"往来客户一览表"工作簿的制作思路

【步骤提示】

（1）打开"往来客户一览表"工作簿，合并 A1:L1 单元格区域，然后选择 A~L 列，自动调整列宽。

（2）选择 A3:A12 单元格区域，自定义序号的格式为"000"，再选择 I3:I12 单元格区域，设置数字格式为"文本"，完成后在相应的单元格中输入 11 位以上的数字。

（3）剪切 A10:I10 单元格区域中的数据，将其插入到第 7 行下方，然后将 B6 单元格中的"明铭"数据修改为"德瑞"，再查找数据"有限公司"，并替换为"有限责任公司"。

（4）选择 A1 单元格，设置字体格式为"方正大黑简体、20、深蓝"，选择 A2:L2 单元格区域，设置字体格式为"方正黑体简体，12"，然后选择 A2:L12 单元格区域，设置对齐方式为"居中"，边框为"所有框线"，完成后重新调整单元格行高与列宽。

（5）选择 A2:L12 单元格区域，套用表格格式"表样式中等深浅 16"。

5.3.2　美化"销售额统计表"工作簿

1. 实训目标

　　本实训的目标是美化"销售额统计表"，销售额统计表主要涉及销售金额数据，因此该类表格的重点在于设置数据类型。通过实训熟悉表格的美化设置。本实训的最终效果如图 5-40 所示。

微课视频

美化"销售额统计表"工作簿

素材所在位置　素材文件 \ 第 5 章 \ 项目实训 \ 销售额统计表 .xlsx
效果所在位置　效果文件 \ 第 5 章 \ 项目实训 \ 销售额统计表 .xlsx

图 5-40　"销售额统计表"工作簿最终效果

2. 专业背景

销售额统计表用于公司对产品的销售额进行统计，通常是在年终制作，属于总结性报表。它可以以月份、季度或上半年、下半年为单位，然后以地区或公司分部或部门为分类进行销售额的统计。

3. 操作思路

完成本实训较为简单，首先将标题文本合并单元格，然后依次进行字体格式、对齐方式、底纹和数字格式的设置，最后添加边框并调整行高。

【步骤提示】

（1）打开"销售额统计表"工作簿，选择 A1 标题单元格，设置字体为"方正粗倩简体"、大小为"18"、颜色为"绿色"。

（2）选择 A2:F2 单元格区域，将表头内容设置为"居中对齐、白色、14、方正大黑简体"，并填充绿色底纹。

（3）将正文数据内容设置为"居中对齐"，并设置货币数字格式。

（4）为表格添加边框，并调整合适的行高。

5.4 课后练习

本章主要介绍了 Excel 表格编辑与美化的操作方法，下面通过两个习题，使读者对各知识的应用方法及操作更加熟悉。

微课视频

编辑"通讯录"工作簿

练习 1：编辑"通讯录"工作簿

下面将打开"通讯录 .xlsx"工作簿，在其中进行编辑美化设置，完成后的效果如图 5-41 所示。

素材所在位置 素材文件 \ 第 5 章 \ 课后练习 \ 通讯录 .xlsx
效果所在位置 效果文件 \ 第 5 章 \ 课后练习 \ 通讯录 .xlsx

编号	姓名	性别	联系地址	联系方式	电子邮件
001	蒋坚	男	绵阳市幸福大街26号	1382649****	JJ1001@163.com
002	刘建国	男	成都市马家花园4楼202室	1380869****	LJG1002@163.com
003	周秀萍	女	成都市玉林北路16号	1379577****	ZXP1003@163.com
004	李海涛	男	北京市海淀区解放路82号	1379577****	LHT1004@163.com
005	赵倩	女	德阳市四威大厦A楼B座	1377818****	ZHQ1005@163.com
006	谢俊	男	上海市闸北区共和新路海文大楼	1377817****	XJ1006@163.com
007	王涛	男	北京市海淀区长春桥路	1370569****	WT1007@163.com
008	孙丽娟	女	成都市第三军区医院	1594689****	SLJ1008@163.com
009	高小华	男	广州市中环西路100号	1325596****	GXH1010@163.com
011	张丽	女	北京市海淀区解放路67号	1398523****	ZL1011@163.com
012	卫顺	男	上海市江桥镇慧创国际B区	1596842****	WX1012@163.com
013	钱岱	男	福建市普安区化工路	1593841****	QD1013@163.com

通讯录

图 5-41 "通讯录"工作簿效果

操作要求如下。

● 打开"通讯录"工作簿，合并 A1:F1 单元格区域，设置标题的格式为"华文琥珀、

18、深红"，然后设置 A2:F2 单元格区域的格式为"方正大黑简体、白色"，填充颜色为"红色，强调文字颜色 2"。

- 选择 A3:A15 单元格区域，自定义数字的序号格式为"000"。
- 将第 11 行单元格删除，然后选择 A2:F14 单元格区域，设置对齐方式为"居中"，边框样式为"所有框线"。完成后自动调整单元格的列宽。

微课视频

打印"产品订单记录表"
工作簿

练习 2：打印"产品订单记录表"工作簿

下面将打开"产品订单记录表.xlsx"工作簿，进行打印前的设置后，将其打印 2 份，预览打印效果如图 5-42 所示。

素材所在位置 素材文件\第 5 章\课后练习\产品订单记录表.xlsx
效果所在位置 效果文件\第 5 章\课后练习\产品订单记录表.xlsx

图 5-42 "产品订单记录表"工作簿最终效果

操作要求如下。

- 打开"产品订单记录表"工作簿，将页面方向设置为"横向"，将纸张大小设置为"A4"。
- 将页边距设置为水平和垂直居中，然后将表格的打印区域设置为"A1:I16"。
- 打开"打印"界面，选择打印机，将打印份数设置为 2 份，然后预览打印表格。

5.5 技巧提升

1. 输入 11 位以上的数据

在 Excel 表格中输入 11 位以上的数字时，单元格中将显示形如"1.23457E+11"的格式，因此要输入 11 位以上的数字，如身份证号码，并使其完整显示，除了在"设置单元格格式"对话框的"数字"选项卡的"分类"列表框中选择"文本"选项，然后单击 确定 按钮应用设置，并在相应的单元格中输入 11 位以上的数字外，还可直接在数字前面先输入一个英文符号"'"，将其转换成文本类型的数据，然后再输入 11 位以上的数字即可。如图 5-43 所示为输入 11 位以上的身份证号码（18 位数字）并正确显示。

图 5-43　正确输入身份证号码

2. 将单元格中的数据换行显示

要换行显示单元格中较长的数据，可选择已输入长数据的单元格，将文本插入点定位到需进行换行显示的位置处，然后按【Alt+Enter】组合键，或在"对齐方式"组中单击"自动换行"按钮，或按【Ctrl+1】组合键，在打开的"设置单元格格式"对话框中选择"对齐"选项卡，单击选中 ☑自动换行(W) 复选框后单击 确定 按钮。

3. 使用自动更正功能

在输入文本时，如果习惯输入简称，或是不小心错误输入，Excel 提供的自动更正功能将会发挥作用，很好地避免这类错误现象。启用自动更正功能的方法如下：单击"文件"选项卡，选择"选项"组，打开"Excel 选项"对话框，单击"校对"选项卡，并在其右侧的列表框中单击 自动更正选项(A)... 按钮，打开"自动更正"对话框的"自动更正"选项卡。分别在"替换"文本框和"为"文本框中输入所需文本，如在"替换"文本框中输入"E"，在"为"文本框中输入"Excel"，以后只要输入"E"，则在单元格中将自动输入"Excel"。然后单击 添加(A) 按钮和 确定 按钮完成设置，如图 5-44 所示。

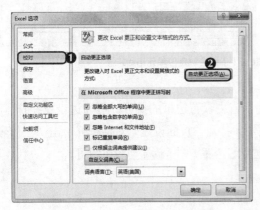
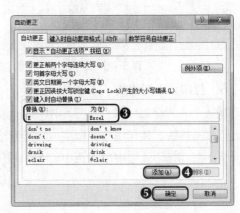

图 5-44　使用自动更正功能

4. 在多个工作表中输入相同数据

当需要在多张工作表中输入相同数据时，可通过下面介绍的方法进行输入，减少反复的操作。首先选择需要填充相同数据的工作表，若要选择多张相邻的工作表，可先单击第一张工作表标签，然后按住【Shift】键再单击最后一张工作表标签；若要选择多张不相邻的工作表，则先可先单击第一张工作表标签，然后按住【Ctrl】键再单击要选择的其他工作表标签。然后在已选择的任意一张工作表内输入数据，则所有被选择的工作表的相同单元格均会自动输入相同数据。

5. 定位单元格的技巧

通常使用鼠标就可以在表格中快速地定位单元格，但是，当需要定位的单元格位置超出了屏幕的显示范围，并且数据量较大时，使用鼠标可能会显得麻烦，此时可以使用快捷键快速定位单元格。下面介绍使用快捷键快速定位一些特殊单元格的方法。

● **定位 A1 单元格：** 按【Ctrl+Home】组合键可快速定位到当前工作表窗口中的 A1 单元格。

● **定位已使用区域右下角单元格：** 按【Ctrl+End】组合键可快速定位到已使用区域右下角的最后一个单元格。

● **定位当前行数据区域的首末端单元格：** 按【Ctrl+ →】或【Ctrl+ ←】组合键可快速定位到当前行数据区域的首末端单元格；多次按【Ctrl+ →】或【Ctrl+ ←】组合键可定位到当前行的首端或末端单元格。

● **定位当前列数据区域的首末端单元格：** 按【Ctrl+ ↑】或【Ctrl+ ↓】组合键可快速定位到当前列数据区域的首末端单元格；多次按【Ctrl+ ↑】或【Ctrl+ ↓】组合键可定位到当前列的首端或末端单元格，如图 5-45 所示。

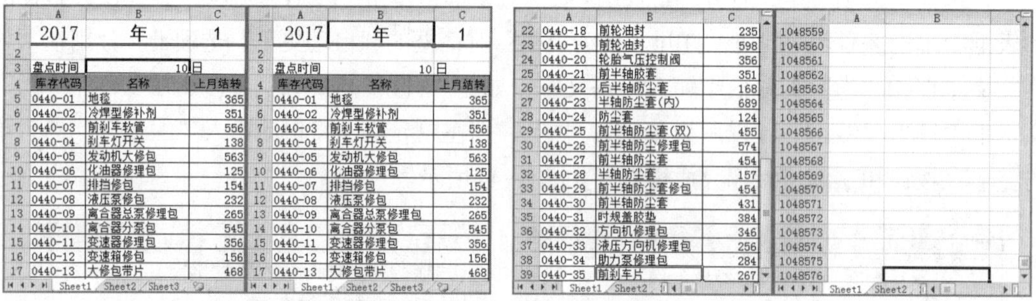

图 5-45　按【Ctrl+ ↑】或【Ctrl+ ↓】组合键定位单元格始末端

6. 打印显示网格线

默认下，表格打印输出不显示网格线，为了省去设置边框的操作，可通过设置在打印时输出显示网格线，其作用与边框类似，其方法是：打开"页面设置"对话框，单击"工作表"选项卡，在"打印"栏中单击选中☑网格线ⓖ复选框，然后单击 确定 按钮即可。

CHAPTER 6

情景导入

公司最近业务集中，米拉向老洪抱怨自己很是辛苦，需要抓紧时间完成奖金管理表、生产记录表和日常费用管理表的制作和管理。老洪笑着说，这样你就可以学习和掌握到更多的知识了，米拉瞬间明白过来，当然，她知道还需要老洪指点指点。

学习目标

- 掌握使用公式和函数计算数据的方法
  掌握使用"加、减、乘、除"等公式计算数据、使用 SUM、IF、MAX、MIN、HLOOKUP、AVERAGE 等函数计算数据等操作。
- 掌握记录单和管理表格的方法
  掌握使用记录单输入数据内容、数据排序、数据筛选、数据汇总、选择并分列显示数据等操作。

案例展示

▲ "生产记录表"工作簿效果

▲ "员工销售业绩奖金管理表"工作簿效果

6.1 课堂案例：计算"员工销售业绩奖金"工作簿

为了了解销售人员当月的销售情况，制订下月的销售计划，销售主管要求米拉在"产品销售数据表"工作簿中计算出产品销售数据。米拉这下可犯难了，如何在数据表中计算数据呢？难道要用计算器计算出结果，然后再输入到表格中？带着疑问，米拉找到老洪，老洪哈哈大笑，接着说，在表格中计算数据，当然是使用更高级的方法，主要通过 Excel 自带的公式和函数功能来实现各类数据的计算。本例完成后的参考效果如图 6-1 所示。

素材所在位置	素材文件 \ 第 6 章 \ 课堂案例 \ 员工销售业绩奖金 .xlsx	
效果所在位置	效果文件 \ 第 6 章 \ 课堂案例 \ 员工销售业绩奖金 .xlsx	

图 6-1 "产品销售数据表"工作簿的最终效果

"员工销售业绩奖金"的作用

职业素养

在企业工资管理系统中，员工销售业绩奖金是重要的组成部分之一，它决定了员工本月除基本工资外所能获得的最大奖励。根据销售数据，统计每位销售员当月的总销售额，然后根据销售额判断业绩奖金提成率、计算每位销售员当月的业绩奖金，以及评选本月最佳销售奖的归属者等。

6.1.1 使用公式计算数据

Excel 中的公式是对工作表中的数据进行计算和操作的等式，它以等号"="开始，其后是公式的表达式，如"=A1+A2*A3/SUM(A3:A10)"。公式的表达式中包含了运算符（如"+""/""&"","等）、数值或任意字符串，以及函数和单元格引用等元素。下面将介绍使用公式计算数据的方法。

1. 输入公式

公式用于简单数据的计算，通常通过在单元格中输入实现计算功能。下面在"员工销售业绩奖金"工作簿中输入相应的公式（销售额

微课视频

输入公式

= 单价 × 销售数量）计算"销售额"，其具体操作如下。

（1）打开"员工销售业绩奖金 .xlsx"工作簿，在"销售数据统计"表中选择 F3 单元格，输入等号"="，然后选择 D3 单元格引用其中的数据，并输入运算符"*"，将其作为公式表达式中的部分元素，继续选择 E3 单元格，引用其中的数据。

（2）按【Ctrl+Enter】组合键，在 E3 单元格中将显示公式的计算结果，在编辑栏中将显示公式的表达式，如图 6-2 所示。

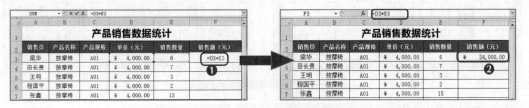

图 6-2　输入公式计算出结果

直接输入公式

熟悉公式后，可直接选择所需的单元格区域输入公式，如这里可直接选择 E3:E12 单元格区域，在编辑栏中输入公式"=C3*D3"，然后按【Ctrl+Enter】组合键快速计算出结果。

2．复制与填充公式

复制与填充公式是快速计算同类数据的最佳方法，因为在复制填充公式的过程中，Excel 会自动改变引用单元格的地址，可避免手动输入公式内容的麻烦，提高工作效率。下面在"员工销售业绩奖金"工作簿中复制填充相应的公式计算数据，其具体操作如下。

微课视频

复制与填充公式

（1）选择 F3 单元格，按【Ctrl+C】组合键复制公式，选择目标单元格，如选择 F4 单元格，按【Ctrl+V】组合键复制公式，将在 F4 单元格中计算出结果，如图 6-3 所示。

图 6-3　复制公式计算出结果

（2）选择 F4 单元格，将鼠标光标移到该单元格右下角的控制柄上，当鼠标光标变成 + 形状时，按住鼠标左键不放，将其拖动到 F17 单元格。

（3）释放鼠标，在 F5:F17 单元格区域中将计算出结果，如图 6-4 所示。

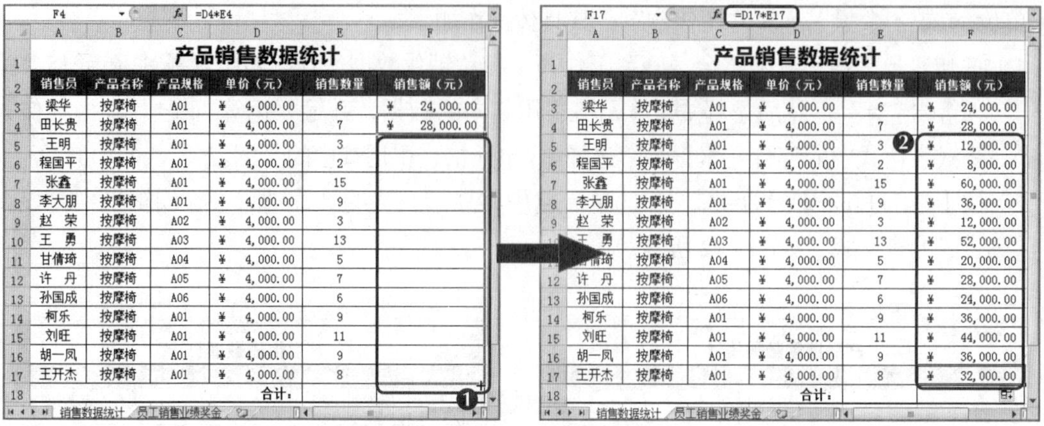

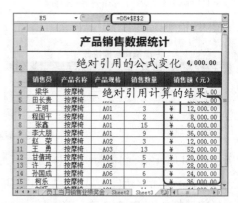

图 6-4　通过拖动控制柄填充公式

6.1.2　引用单元格

在编辑公式时经常需要对单元格地址进行引用，一个引用地址代表工作表中一个或多个单元格或单元格区域。单元格和单元格区域引用的作用在于标识工作表上的单元格或单元格区域，并指明公式中所使用的数据地址。引用单元格的主要方法如下。

- **相对引用**：指相对于公式单元格位于某一位置处的单元格引用。在相对引用中，当复制相对引用的公式时，被粘贴公式中的引用将被更新，并指向与当前公式位置相对应的其他单元格。默认情况下，Excel 使用的是相对引用，本案例中复制与填充公式即是相对引用。

- **绝对引用**：指把公式复制或移动到新位置后，公式中的单元格地址保持不变。利用绝对引用时引用单元格的列标和行号之前分别加入了符号"$"。如果在复制公式时不希望引用的地址发生改变，则应使用绝对引用。如将案例中的表格变化为如图 6-5 所示，单独在 E2 单元格输入单价，计算销售额时在 E4 单元格输入"=D4*E2"，在 E5:E17 单元格中引用单元格时需要使用绝对引用 E2 单元格，即公式"=D4*$E$2"计算，如图 6-6 所示。

图 6-5　输入绝对引用公式　　　　图 6-6　绝对引用方式计算结果

相对引用与绝对引用的相互切换

在引用的单元格地址前后按【F4】键可以在相对引用与绝对引用之间切换，如将鼠标光标定位到公式"=A1+A2"中的 A1 元素的前后，然后第 1 次按【F4】键变为"$A$1"；第 2 次按【F4】键变为"A$1"；第 3 次按【F4】键变为"$A1"；第 4 次按【F4】键变为"A1"。

- **混合引用**：指在一个单元格地址引用中，既有绝对引用，又有相对引用。如果公式所在单元格的位置改变，则绝对引用不变，相对引用改变。

- **引用同一工作簿中其他工作表的单元格**：工作簿中包含多个工作表，在其中一张工作表引用该工作簿中其他工作表中的数据，其方法为：输入"工作表名称!单元格地址"，如引用工作表"销售数据表"中的 A1 单元格，公式应为："= 销售数据表 !A1"。如在"员工销售业绩奖金"工作簿的"员工销售业绩奖金"工作表的 F3:F17 单元格区域中引用"销售数据表"中的 A3:A17 单元格区域的销售额数据，在"员工销售业绩奖金"工作表 B3 单元格中输入"= 销售数据统计 !F3"，然后填充公式计算结果，如图 6-7 所示。

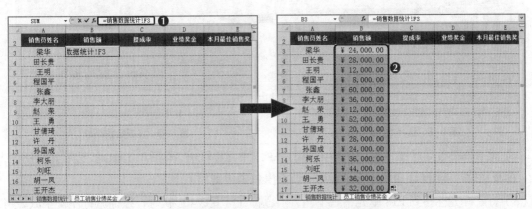

图 6-7　引用同一工作簿中其他工作表中的单元格

- **引用不同工作簿中的单元格**：对不同工作簿中的单元格进行引用，可使用"'工作簿存储地址 [工作簿名称] 工作表名称' ! 单元格地址"的方法。如"=SUM('E:\My works\[员工销售业绩奖金 .xlsx] 销售数据表 : 员工销售业绩奖金' !E5)"，表示计算 E 盘中"My works"文件夹中的"员工销售业绩奖金"工作簿中"销售数据表"和"员工销售业绩奖金"工作表中所有 E5 单元格数值的总和。

6.1.3　使用函数计算数据

函数是 Excel 预定的特殊公式，它是一种在需要时直接调用的表达式，通过使用一些称为参数的特定数值来按特定的顺序或结构进行计算。函数的结构为 = 函数名 (参数 1, 参数 2,…)，如"=SUM(H4:H24)"，其中函数名是指函数的名称，每个函数都有唯一的函数名，如 SUM 等；参数则是指函数中用来执行操作或计算的值，参数的类型与函数有关。

1. 输入函数

当对所使用的函数和参数类型都很熟悉时，在工作表中可直接输入函数；当需要了解所需函数和参数的详细信息时，可通过"插入函数"对话框选择并插入所需函数。下面在"销售数据统计"工作表中通过"插入函数"对话框插入 SUM 求和函数，计算总销售量和销售总额，其具体操作如下。

微课视频

输入函数

（1）在"销售数据统计"工作表中选择 E18 单元格，在编辑栏中单击"插入函数"按钮 f_x 。

（2）在打开的"插入函数"对话框的"或选择类别"列表框中选择"常用函数"选项，在"选择函数"列表框中选择"SUM"选项，单击 确定 按钮，如图 6-8 所示。

（3）打开"函数参数"对话框，单击"Number1"参数框右侧的 按钮，如图 6-9 所示。

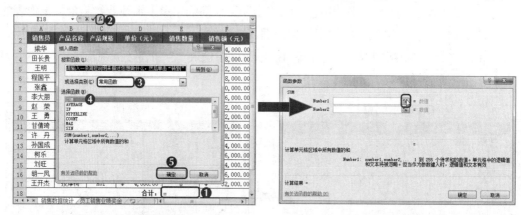

图 6-8　选择 SUM 函数　　　　　　　　　　图 6-9　设置函数参数

（4）对话框呈收缩状态，在工作表中选择 E3:E17 单元格区域，然后单击 按钮展开对话框，如图 6-10 所示，单击 确定 按钮计算出总销售量。

（5）将鼠标光标移到 E18 单元格右下角，当鼠标光标变成+形状时，按住鼠标左键不放，将其拖动到 F19 单元格，填充函数计算销售总额，如图 6-11 所示。

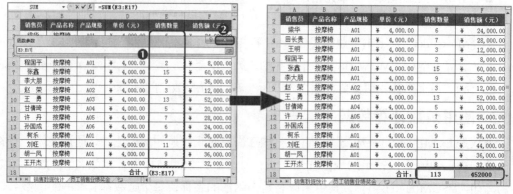

图 6-10　选择求和单元格区域　　　　　　　图 6-11　使用函数计算结果

SUM 函数的使用

求和函数 SUM 是办公时使用最频繁的函数。本例中计算总销售量时输入 "=SUM(E3:E17)" 表示计算 E3:E17 单元格区域中数值的和，即在 SUM 函数后输入单元格区域即可计算该区域数值的和。

2. 嵌套函数

除了使用单个函数进行简单计算外，在 Excel 中还可使用函数嵌套进行复杂的数据运算。函数嵌套的方法是将某一函数或公式作为另一个函数的参数来使用。下面在"员工销售业绩奖金"工作簿的"员工销售业绩奖金"工作表中使用查找函数"HLOOKUP"和逻辑函数"IF"并结合嵌套应用，分别计算"提成率"和"本月最佳销售奖金归属"，其具体操作如下。

微课视频

嵌套函数

（1）选择 C3:C17 单元格区域，输入嵌套函数 "=HLOOKUP(B3,$B$19:$E$21,3)"，使用查找函数 HLOOKUP 获取提成率。

（2）按【Ctrl+Enter】组合键计算出每位销售人员的业绩提成率，如图 6-12 所示。

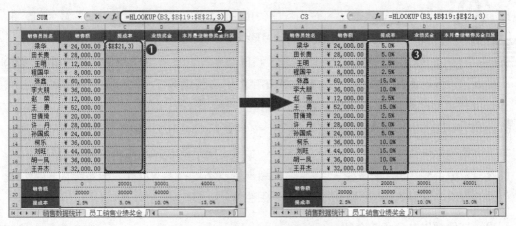

图 6-12　使用 HLOOKUP 函数计算提成率

HLOOKUP 函数的使用

本例中 "=HLOOKUP(B3,$B$19:$E$21,3)" 函数将判断 B3 单元格中的员工销售额，返回 B18:E20 单元格区域中第 3 行对应的销售额奖金提成率。

如员工的销售额是 "24000"，返回 B18:E20 单元格区域中 "20001-30000" 对应的 "5%" 的提成率。

（3）选择 D3:D17 单元格区域，输入公式 "=B3*C3"（销售额 × 提成率），按【Ctrl+Enter】组合键计算提成业绩。

（4）选择 E3:E17 单元格区域，输入嵌套函数 "=IF(B3>50000,IF(B3=MAX($B$3:$B$17),

"2000","",""）"，使用逻辑函数 IF 和最大值函数 MAX 计算出本月最佳销售奖金归属。

（5）按【Ctrl+Enter】组合键计算出销售人员满足销售额最高且大于"50000"获得"2000"元奖金，如图 6-13 所示。

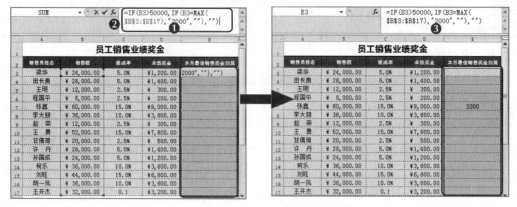

图 6-13　使用 IF 与 MAX 函数计算奖金归属

IF 与 MAX 函数的使用

　　MAX 函数与 SUM 函数的使用相似，即在单元格区域中获取最大值；IF 函数的语法结构为：IF（logical_test,value_if_true,value_if_false），可理解为"IF（条件，真值，假值）"，表示当"条件"成立时，返回"真值"，否则返回"假值"。本例中使用了 IF 嵌套函数"=IF(B3>50000,IF(B3=MAX($B$3:$B$17),"2000","",""）"，即当 B 列单元格销售额数据大于 50000 时，返回 IF(B3=MAX($B$3:$B$17),"2000","")，否则返回空值，IF(B3=MAX($B$3:$B$17),"2000","") 函数，则是 B 列单元格销售额数据等于绝对引用 $B$3:$B$17 单元格区域中最大值时返回数值"2000"，其他返回空值。整个嵌套函数可以理解为，当销售额满足大于 50000 元时，B 列中销售额最大的数值，返回数值"20000"，其他返回空值。

3. 其他常用办公函数介绍

　　除了上面介绍的求和函数 SUM、查找函数 HLOOKUP、逻辑函数 IF，还有一些在办公中经常使用的函数，如最大值函数 MAX、最小值函数 MIN、平均值函数 AVERAGE、统计函数 COUNTIF 函数。下面在"员工销售业绩奖金"工作簿的"员工销售业绩奖金"工作表中使用这些常用函数计算相应数据，其具体操作如下。

微课视频

其他常用办公函数介绍

（1）选择 H3 单元格，输入函数"=MAX(B3:B17)"，按【Ctrl+Enter】组合键计算最高销售额，如图 6-14 所示。

（2）选择 H4 单元格，输入函数"=MIN(B3:B17)"，按【Ctrl+Enter】组合键计算最低销售额，如图 6-15 所示。

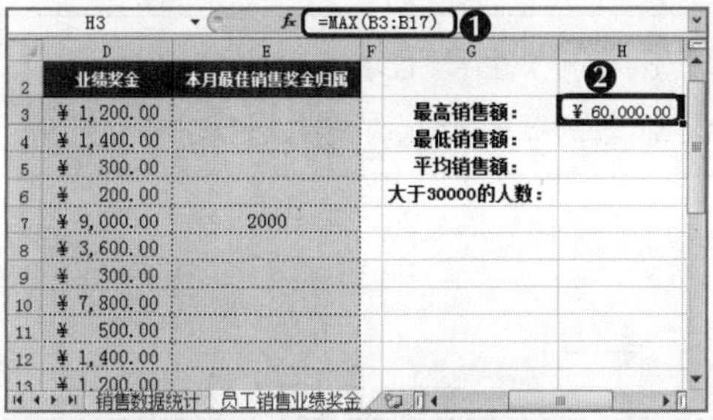

图 6-14 计算最高销售额

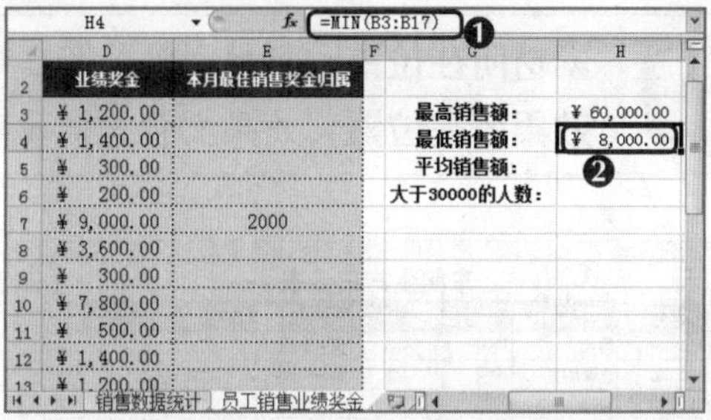

图 6-15 计算最低销售额

（3）选择 H5 单元格，输入函数"=AVERAGE(B3:B17)"，按【Ctrl+Enter】组合键计算平均销售额，如图 6-16 所示。

（4）选择 H6 单元格，输入函数"=COUNTIF(B3:B17,">35000")"，按【Ctrl+Enter】组合键计算销售额大于 35000 元的员工人数，如图 6-17 所示。

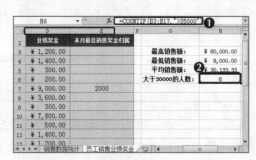

图 6-16 计算平均销售额

图 6-17 计算销售额大于 35000 元的员工人数

MIN、AVERAGE、COUNTIF 的使用

最小值函数 MIN、平均值函数 AVERAGE 的使用较为简单，与 SUM 和 MAX 相似，分别计算单元格区域的最小值和平均值；COUNTIF 函数用于计算区域中满足给定条件的单元格的个数。其语法结构为：COUNTIF(range，criteria)，本例中"=COUNTIF(B3:B17,">35000")"函数表示 B3:B17 单元格区域中满足 >35000 数值的个数。

6.2 课堂案例：登记并管理"生产记录表"工作簿

为了有效地整理并查找所需的产品生产数据，老洪希望米拉能快速登记并管理"生产记录表"。老洪告诉米拉，制作这类表格时，可使用记录单快速并准确地输入数据，然后根据指定的条件对输入的数据进行筛选。记录单是什么东西，数据该怎样进行筛选，米拉满脸疑惑，随即，老洪打开了表格素材文件，开始进行示范，米拉一步一步地学着……最后完成了"生产记录表"数据的登记和管理，效果如图 6-18 所示。

素材所在位置　素材文件＼第6章＼课堂案例＼生产记录表.xlsx
效果所在位置　效果文件＼第6章＼课堂案例＼生产记录表.xlsx

产品代码	产品名称	生产数量	单位	生产车间	生产时间	合格率
				车间生产记录表		
HYL-001	葛片	1500	袋	第三车间	2013/11/3	100%
HYL-002	怪味胡豆	1000	袋	第一车间	2013/11/3	98%
HYL-003	蚕豆	600	袋	第二车间	2013/11/3	100%
HYL-004	彩虹糖	1700	袋	第四车间	2013/11/4	94%
HYL-005	小米锅粑	1200	袋	第二车间	2013/11/5	90%
HYL-006	山楂片	1000	袋	第二车间	2013/11/6	90%
HYL-007	通心卷	800	袋	第二车间	2013/11/8	100%
HYL-008	红泥花生	750	袋	第四车间	2013/11/10	92%
HYL-009	早餐饼干	600	袋	第三车间	2013/11/10	93%
HYL-010	鱼皮花生	1500	袋	第二车间	2013/11/12	90%
HYL-011	沙琪玛	750	袋	第三车间	2013/11/12	100%
HYL-012	咸干花生	1200	袋	第一车间	2013/11/13	99%
HYL-013	豆腐干	1350	袋	第一车间	2013/11/14	99%
HYL-014	话梅	500	袋	第二车间	2013/11/15	97%
HYL-015	巧克力豆	350	袋	第二车间	2013/11/18	96%
HYL-016	薯条	1250	袋	第一车间	2013/11/18	90%
HYL-017	蛋黄派	1000	袋	第三车间	2013/11/22	90%
HYL-018	五香瓜子	800	袋	第四车间	2013/11/23	95%

产品代码	产品名称	生产数量	单位	生产车间	生产时间	合格率
				车间生产记录表		
HYL-003	蚕豆	600	袋	第二车间	2013/11/3	100%
HYL-007	通心卷	800	袋	第二车间	2013/11/8	100%
				生产车间	合格率	
				第二车间	100%	

图6-18　"生产记录表"表格筛选前后的效果

职业素养

"生产记录表"的意义

　　生产记录表是公司管理产品的重要一环，用于对产品进行登记和记录，以详细了解产品生产情况，从而便于进行产品管理和检测。其内容通常包括产品的名称、数量、规格或单位，以及产品的生产车间、出厂时间和合格率等。

6.2.1　使用记录单输入数据

微课视频

使用记录单输入数据

　　记录单是用来详细记录所需资料的单据，它可以帮助用户在一个小窗口中完成输入数据的工作。下面在"生产记录表"工作簿中首先添加记录单按钮到"快速访问工具栏"中，然后使用记录单输入数据，其具体操作如下。

（1）打开"生产记录表"工作簿，单击"文件"选项卡，在弹出的列表中选择"选项"选项。

（2）在打开的"Excel选项"对话框中单击"快速访问工具栏"选项卡，在"从下列位置选择命令"列表框中选择"不在功能区中的命令"选项，在"自定义快速访问工具栏"列表框中选择"用于'生产记录表.xlsx'"选项，在中间的列表框中选择"记录单"选项，然后单击 添加(A) >> 按钮将其添加到右侧的列表框中，再单击 确定 按钮，如图6-19所示。

（3）返回工作表中选择A2:G2单元格区域，然后在快速访问工具栏中查看并单击添加的"记录单"按钮 ，如图6-20所示。

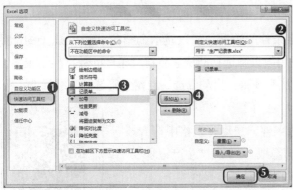
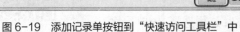

图 6-19　添加记录单按钮到"快速访问工具栏"中

图 6-20　单击"记录单"按钮

（4）在打开的提示对话框中单击 确定 按钮确认所选单元格区域的首行作为标签。

（5）在打开的对话框的空白文本框中输入相应的项目内容，单击 新建(W) 按钮，在工作表的所选区域下方将添加输入的记录数据，并在对话框的文本框中输入相应项目数据，如图 6-21 所示。

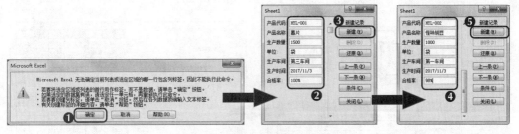

图 6-21　输入项目内容添加记录

（6）反复执行上步操作，直接完成记录的添加后，单击 关闭(L) 按钮关闭对话框。

（7）返回工作表中可看到 A2:G2 单元格区域下方添加了相应的记录，如图 6-22 所示。

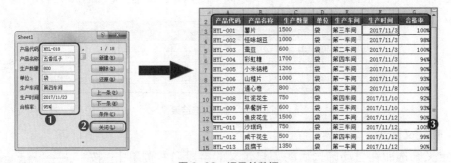

图 6-22　记录单数据

查找与删除记录

　　在记录单对话框中单击 条件(C) 按钮，在打开的对话框的各文本框中输入需查找记录的关键字，按【Enter】键系统将自动查找符合条件的记录并显示，此时再单击 删除(D) 按钮，将删除查找到的记录。

6.2.2 数据筛选

在数据量较多的表格中查看具有特定条件的数据，如只显示金额在 5000 元以上的产品名称时，操作起来将非常麻烦，此时可使用数据筛选功能快速将符合条件的数据显示出来，并隐藏表格中的其他数据。数据筛选的方法有 3 种：自动筛选、自定义筛选、高级筛选。

1. 自动筛选

自动筛选数据是根据用户设定的筛选条件，自动将表格中符合条件的数据显示出来，而将表格中的其他数据隐藏。下面在"生产记录表"工作簿中自动筛选出"第一车间"的记录数据，其具体操作如下。

（1）在工作表中选择任意一个有数据的单元格，这里选择 B5 单元格，然后单击"数据"选项卡，在"排序和筛选"组中单击"筛选"按钮 。

（2）在工作表中每个表头数据对应的单元格右侧将出现 按钮，在需要筛选数据列的"生产车间"字段名右侧单击 按钮，在弹出的列表框中撤销选中口[全选]复选框，然后单击选中☑第一车间复选框，完成后单击 确定 按钮，如图 6-23 所示。

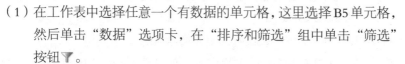

图 6-23　设置筛选条件

（3）返回工作表中可看到只筛选出"第一车间"的相关记录信息，如图 6-24 所示。

	A	B	C	D	E	F	G	H
2	产品代码	产品名称	生产数量	单	生产车间	生产时间	合格率	
4	HYL-002	怪味胡豆	1000	袋	第一车间	2017/11/3	98%	
7	HYL-006	山楂片	1000	袋	第一车间	2017/11/5	93%	
15	HYL-013	豆腐干	1350	袋	第一车间	2017/11/12	90%	
19	HYL-017	蛋黄派	1000	袋	第一车间	2017/11/22	90%	

图 6-24　显示筛选结果

2. 自定义筛选

自定义筛选即在自动筛选后的需自定义的字段名右侧单击 按钮，在打开的下拉列表中选择相应的选项，确定筛选条件后在打开的"自定义自动筛选方式"对话框中进行相应的设置。下面在"生产记录表"工作簿中清除筛选的"第一车间"数据，然后重新自定义筛选生产日期在"2017/11/8"与"2017/11/15"之间的记录，其具体操作如下。

（1）在"生产车间"字段名右侧单击▼按钮，在弹出的列表中选择"从'生产车间'中清除筛选"选项，清除筛选的记录数据，如图 6-25 所示。

（2）在"生产时间"字段名右侧单击▼按钮，在弹出的列表中选择"日期筛选"选项卡，在子列表中选择"自定义筛选"选项，如图 6-26 所示。

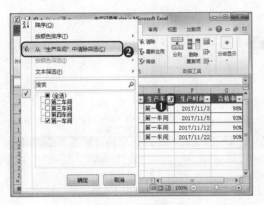

图 6-25　清除筛选结果　　　　　　　　　　　图 6-26　选择自定义筛选命令

（3）在打开的"自定义自动筛选方式"对话框的"生产时间"栏左侧列表框中选择"在以下日期之后或与之相同"选项，在右侧列表框中选择"2017/11/8"选项，保持单击选中"与"单选项，在其下左侧列表框中选择"在以下日期之前或与之相同"选项，在右侧下拉列表框中选择"2017/11/15"选项，单击　确定　按钮，如图 6-27 所示。

（4）返回工作表中可看到筛选出生产日期在"2017/11/8"与"2017/11/15"之间的记录，如图 6-28 所示。

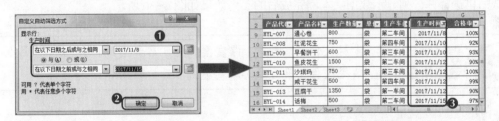

图 6-27　设置自定义筛选条件　　　　　　　　　图 6-28　显示筛选结果

3. 高级筛选

自动筛选是根据 Excel 提供的条件筛选数据，若要根据自己设置的筛选条件对数据进行筛选，则需使用高级筛选功能。高级筛选功能可以筛选出同时满足两个或两个以上约束条件的记录。下面在"生产记录表"工作簿中筛选出生产车间为"第二车间"，且合格率为"100%"的记录数据，其具体操作如下。

微课视频

高级筛选

（1）清除筛选"生产时间"的记录数据，然后在 E22:F23 单元格区域中分别输入筛选条件生产车间为"第二车间"，合格率为"100%"。

（2）选择任意一个有数据的单元格，这里选择 B16 单元格，单击"数据"选项卡，在"排序和筛选"组中单击 🍸高级 按钮。

（3）在打开的"高级筛选"对话框的"列表区域"参数框中将自动选择参与筛选的单元格区域，然后将鼠标光标定位到"条件区域"参数框中，并在工作表中选择 E22:F23 单元格区域，完成后单击 确定 按钮，如图 6-29 所示。

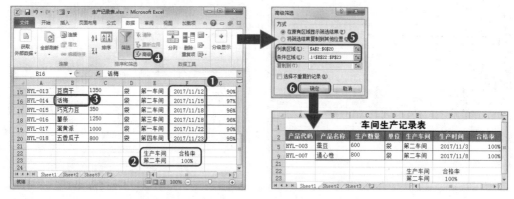

图 6-29　高级筛选

6.3　管理"日常费用统计表"工作簿

公司日益发展，日常办公开支项目和费用不断增多，公司从下半年开始制作费用统计表，记录日常办公费用的支出项目和经费。为了查看费用支出的总和等情况，老洪让米拉对"日常费用统计表"进行管理。可先对相应的数据进行排序，然后根据排序结果进行分类汇总，完成后再选择并分列显示数据。本例完成后的参考效果如图 6-30 所示。

素材所在位置　素材文件\第6章\课堂案例\日常费用统计表.xlsx
效果所在位置　效果文件\第6章\课堂案例\日常费用统计表.xlsx

图 6-30　"日常费用统计表"工作簿的最终效果

"日常费用统计表"的统计单位和内容

职业素养

"日常费用统计表"是公司管理中使用非常频繁的表格类型之一。无论公司性质和规模大小,都会涉及日常费用的支出,小型公司一般将公司整体的日常费用进行统计;而大中型公司一般以部门或工作组为单位进行办公费用支出统计。在完成表格的制作后,可以对办公费用进行分类统计,如宣传费、招待费和交通费等。

6.3.1 数据排序

数据排序常用于统计工作中,在 Excel 中数据排序是指根据存储在表格中的数据类型,将其按一定的方式进行重新排列。它有助于快速直观地显示数据,更好地理解数据,更方便地组织并查找所需数据。数据排序的常用方法有自动排序和按关键字排序。

1. 自动排序

自动排序是最基本的数据排序方式,选择该方式,系统将自动对数据进行识别并排序。下面在"日常费用统计表"工作簿中以"费用科目"列为依据进行排序,其具体操作如下。

(1)打开"日常费用统计表"工作簿,在"日常费用记录表"工作表中选择需排序列中"表头"数据下对应的任意单元格,这里选择 B4 单元格,然后单击"数据"选项卡,在"排序和筛选"组中单击"升序"按钮 ↓。

(2)在 B3:B17 单元格区域中的数据将按首个字母的先后顺序进行排列,且其他与之对应的数据将自动进行排列,如图 6-31 所示。

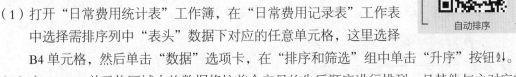

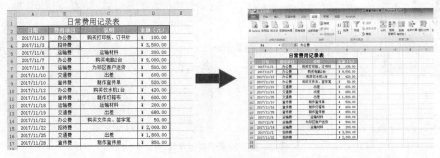

图 6-31 自动排序

汉字按笔画顺序排列

多学一招

Excel 中对中文姓名排序,字母顺序即是按姓的首写字母对应的 26 个英文字母的顺序排列,对于相同的姓,依次计算姓名中的第 2、3 个字。

如果要按照笔画顺序排列,可在"排序"对话框中单击 选项(0) 按钮,再在打开的"排序选项"对话框中单击选中 ◉笔划排序(R) 单选项,单击 确定 按钮,排序规则主要依据笔画多少,相同笔画则按启闭顺序排列(横、竖、撇、捺、折)。

2. 按关键字排序

按关键字排序，可根据指定的关键字对某个字段（列单元格）或多个字段的数据进行排序，通常可将该方式分为按单个关键字排序与按多个关键字排序。按单个关键字排序可以理解为按某个字段（单列内容）进行排序，与自动排序方式较为相似。如需同时对多列内容进行排序，可以利用按多个字段排序功能实现排序，此时若第 1 个关键字的数据相同，就按第 2 个关键字的数据进行排序。下面在"日常费用统计表"工作簿中按"日期"与"金额" 2 个关键字进行降序排列，其具体操作如下。

（1）在"日常费用记录表"工作表中选择需排序的单元格区域，这里选择 A2:D17 单元格区域，然后单击"数据"选项卡，在"排序和筛选"组中单击"排序"按钮

（2）在打开的"排序"对话框的"主要关键字"列表框中选择"日期"选项，在"排序依据"下拉列表框中保持默认设置，在"次序"列表框中选择"降序"选项，然后单击 添加条件(A) 按钮，在"次要关键字"列表框中选择"金额（元）"选项，将"次序"设置为"降序"，完成后单击 确定 按钮。

（3）返回工作表中可看到首先以"日期"列的数据按降序排列，然后在日期降序排列的基础上，再按"金额"数据降序进行排列，如图 6-32 所示。

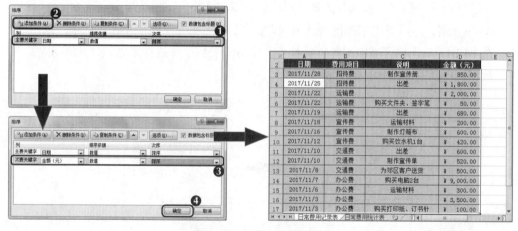

图 6-32　按多个关键字排序

6.3.2　分类汇总

Excel 的数据分类汇总功能可将性质相同的数据汇总到一起，使表格的结构更清晰，使用户能更好地掌握表格中重要的信息。下面在"日常费用统计表"工作簿中根据"费用项目"数据进行分类汇总，其具体操作如下。

（1）在"日常费用记录表"工作表中选择 B4 单元格，然后单击"数据"选项卡，在"分级显示"组中单击"分类汇总"按钮。

（2）在打开的"分类汇总"对话框的"分类字段"列表框中选择"费用项目"选项，在"汇

总方式"列表框中选择"求和"选项，在"选定汇总项"列表框中单击选中"金额（元）"复选框，然后单击 确定 按钮。

（3）返回工作表中可看到分类汇总后将对相同"费用项目"列的数据的"金额"进行求和，其结果显示在相应的科目数据下方，如图 6-33 所示。

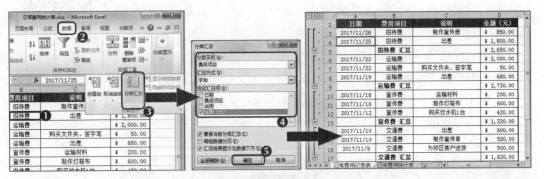

图 6-33 分类汇总

查找与删除记录

　　在记录单对话框中单击 条件(C) 按钮，在打开的对话框的各文本框中输入需查找记录的关键字，按【Enter】键系统将自动查找符合条件的记录并显示，此时再单击 删除(D) 按钮，将删除查找到的记录。

（4）在分类汇总后的工作表编辑区的左上角单击 1 按钮，工作表中的所有分类数据将被隐藏，只显示出分类汇总后的总计数记录。

（5）单击 2 按钮，在工作表中将显示分类汇总后各项目的汇总项，如图 6-34 所示。

图 6-34 分级显示分类汇总数据

分类汇总显示明细

　　在工作表编辑区的左侧单击 + 和 - 按钮可以显示或隐藏单个分类汇总的明细行，若需再次显示所有分类汇总项目，可在工作表编辑区的左上角单击分类汇总的显示级别按钮 3 。

6.3.3 选择并分列显示数据

　　在工作表中若需选择多个具有相同条件且不连续的单元格时，可利用"定位条件"功能迅速查找所需的单元格；若需将一列数据分开保存到两列中，可将数据分列显示。

1. 定位选择数据

定位是一种选择单元格的方式，主要用来选择位置相对无规则但条件有规则的单元格或单元格区域。下面在"日常费用统计表"工作簿中定位选择并复制分类汇总项的可见单元格，其具体操作如下。

（1）在"日常费用记录表"工作表中选择 B5:D23 单元格区域，在"开始"选项卡的"编辑"组中单击"查找和替换"按钮 🔍，在弹出的列表中选择"定位条件"选项。

（2）在打开的"定位条件"对话框中单击选中"可见单元格"单选项，然后单击 确定 按钮，返回工作表中将只选择所选单元格区域内的可见单元格，即只选择汇总项单元格数据，如图 6-35 所示。

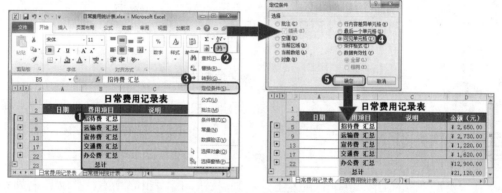

图 6-35　利用"定位条件"功能快速选择数据

（3）保持选择可见单元格，按【Ctrl+C】组合键复制数据，然后在"日常费用统计表"工作表中选择 A3 单元格，按【Ctrl+V】组合键粘贴数据，如图 6-36 所示。

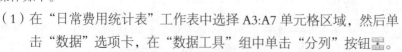

图 6-36　复制可见单元格中的数据

2. 分列显示数据

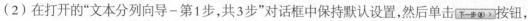
在一些特殊情况下需要使用 Excel 的分列功能快速将一列中的数据分列显示，如将日期以月与日分列显示、将姓名以姓与名分列显示等。下面在"日常费用统计表"工作簿中将汇总列的数据分列显示，其具体操作如下。

（1）在"日常费用统计表"工作表中选择 A3:A7 单元格区域，然后单击"数据"选项卡，在"数据工具"组中单击"分列"按钮 📊。

（2）在打开的"文本分列向导－第1步，共3步"对话框中保持默认设置，然后单击 下一步(N) > 按钮，如图 6-37 所示。

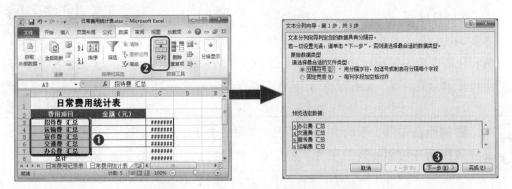

图 6-37　单击"分列"按钮并确认数据类型

（3）在打开的"文本分列向导 – 第 2 步，共 3 步"对话框的"分隔符号"栏中单击选中
　　　☑ 空格(S) 复选框，然后单击 下一步(N)> 按钮，在打开的"文本分列向导 – 第 3 步，共 3 步"
　　　对话框中保持默认设置，单击 完成(F) 按钮，如图 6-38 所示。
（4）在打开的提示对话框中确认替换目标单元格内容，然后单击 确定 按钮，如图 6-39 所示。

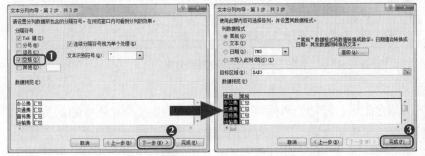

图 6-38　根据"文本分列向导"设置分列显示　　　　　　　图 6-39　确认替换内容

（5）返回工作表中可看到分列显示后的效果，然后删除 B3:B8 单元格区域，如图 6-40 所示。

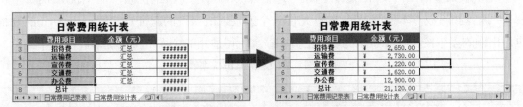

图 6-40　查看分列显示效果并删除单元格区域

6.4　项目实训

　　本章通过计算"员工销售业绩奖金"、登记并管理"生产记录表"、管理"日常费用统
计表"3 个课堂案例，讲解了计算与管理数据表格的相关知识，其中包括公式与函数的使用、
单元格的引用、数据筛选、数据排序、分类汇总等，是日常办公中经常使用的知识点，应重
点学习和把握。下面通过两个项目实训，将本章学习的知识灵活运用。

6.4.1 制作"员工工资表"工作簿

1. 实训目标

本实训的目标是制作员工工资表，需要在表格中使用公式计算实发工资和税后工资、使用自动求和功能计算应领工资和应扣工资，以及使用 IF 嵌套函数计算个人所得税。本实训的最终效果如图 6-41 所示。

微课视频

制作"员工工资表"工作簿

素材所在位置 素材文件\第 6 章\项目实训\员工工资表 .xlsx
效果所在位置 效果文件\第 6 章\项目实训\员工工资表 .xlsx

员工编号	员工姓名	应领工资				应扣工资				实发工资	个人所得税	税后工资
		基本工资	加班	奖金	小计	迟到	事假	病假	小计			
001	穆慧	¥7,000.00	¥ –	¥200.00	¥7,200.00	¥ –	¥ –		¥ –	¥7,200.00	265.00	¥6,935.00
002	萧小丰	¥5,000.00	¥ –		¥5,000.00	¥ –	¥50.00		¥50.00	¥4,950.00	43.50	¥4,906.50
003	许如云	¥5,000.00	¥240.00	¥200.00	¥5,440.00	¥ –	¥ –		¥ –	¥5,440.00	58.20	¥5,381.80
004	童海兵	¥5,000.00	¥240.00		¥5,240.00	¥20.00	¥ –		¥20.00	¥5,220.00	51.60	¥5,168.40
005	贺阳	¥5,000.00	¥ –	¥200.00	¥5,200.00	¥ –	¥ –		¥ –	¥5,200.00	51.00	¥5,149.00
006	杨春丽	¥6,000.00	¥300.00	¥200.00	¥6,500.00	¥ –	¥ –		¥ –	¥6,500.00	90.00	¥6,410.00
007	石坚	¥3,800.00	¥600.00		¥4,400.00	¥40.00	¥ –		¥40.00	¥4,360.00	25.80	¥4,334.20
008	李满堂	¥3,800.00	¥900.00		¥4,700.00	¥20.00	¥ –		¥20.00	¥4,680.00	35.40	¥4,644.60
009	江颖	¥3,800.00	¥600.00		¥4,400.00	¥ –	¥100.00		¥100.00	¥4,300.00	24.00	¥4,276.00
010	孙晨成	¥3,800.00	¥300.00	¥200.00	¥4,300.00	¥ –	¥ –		¥ –	¥4,300.00	24.00	¥4,276.00
011	王开	¥3,800.00	¥450.00	¥200.00	¥4,450.00	¥ –	¥ –		¥ –	¥4,450.00	28.50	¥4,421.50
012	陈一名	¥3,800.00	¥900.00		¥4,700.00	¥60.00	¥ –		¥60.00	¥4,640.00	34.20	¥4,605.80
013	邢剑	¥3,800.00	¥1,050.00		¥4,850.00	¥ –	¥ –	¥25.00	¥25.00	¥4,825.00	39.75	¥4,785.25
014	李虎	¥3,800.00	¥900.00	¥200.00	¥4,900.00	¥ –	¥ –		¥ –	¥4,900.00	42.00	¥4,858.00
015	张宽之	¥3,800.00	¥1,050.00	¥200.00	¥5,050.00	¥ –	¥ –		¥ –	¥5,050.00	46.50	¥5,003.50
016	袁远	¥3,800.00	¥900.00		¥4,700.00	¥ –	¥150.00		¥150.00	¥4,550.00	31.50	¥4,518.50

图 6-41 "员工工资表"工作簿的最终效果

2. 专业背景

员工工资通常分为固定工资、浮动工和福利 3 部分，其中固定工资是不变的，而浮动工资和福利会随着工龄或员工表现而改变。不同的公司制定的员工工资管理制度不同，员工工资项目也不尽相同，因此应结合实际情况计算员工工资。按照国家规定，个人月收入超出规定的金额后，应依法缴纳一定数量的个人收入所得税，个人所得税计算公式为：应纳税所得额 = 工资收入金额 — 各项社会保险费 — 起征点 (3500 元)；应纳税额 = 应纳税所得额 × 税率 — 速算扣除数。本例假设以 3500 元作为个人收入所得税的起征点，超过 3500 元的则根据超出额的多少按表 6-1 所示的现行工资和薪金所得适用的个人所得税税率进行计算。

表 6-1 7 级超额累进税率表

级数	全月应纳税所得额	税率	速算扣除数（元）
1	全月应纳税额不超过 1500 元部分	3%	0
2	全月应纳税额超过 1500~4500 元部分	10%	105
3	全月应纳税额超过 4500~9000 元部分	20%	555
4	全月应纳税额超过 9000~35000 元部分	25%	1005
5	全月应纳税额超过 35000~55000 元部分	30%	2755
6	全月应纳税额超过 55000~80000 元部分	35%	5505
7	全月应纳税额超过 80000 元	45%	13505

3．操作思路

完成本实训首先在 F5:F20 和 J5:J20 单元格区域中使用 SUM 函数计算应领工资和应扣工资，然后使用公式计算实发工资，最后使用 IF 函数计算个人所得税并输入公式计算税后工资。

【步骤提示】

（1）打开"员工工资表"工作簿，选择 F5:F20 单元格区域，输入"=SUM(C5:E5)"，计算应领工资；选择 J5:J20 单元格区域，输入"=SUM(G5:I5)"计算应扣工资。

（2）选择 K5:K20 单元格区域，在编辑栏中输入公式"=F5-J5"，完成后按【Ctrl+Enter】组合键计算实发工资。

（3）选择 L5:L20 单元格区域，在编辑栏中输入函数"=IF(K5-3500<0,0,IF(K5-3500<3500,0.03*(K5-3500)-0,IF(K5-3500<4500,0.1*(K5-3500)-105, IF(K5-3500<9000,0.2*(K5-3500)-555,IF(K5-3500<35000,0.25*(K5-3500)-1005)))))"，完成后按【Ctrl+Enter】组合键计算个人所得税。

（4）选择 M5:M20 单元格区域，在编辑栏中输入公式"=K5-L5"，完成后按【Ctrl+Enter】组合键计算税后工资。

6.4.2 管理"楼盘销售信息表"工作簿

1．实训目标

本例将对楼盘销售信息表工作簿中的数据进行管理，对楼盘数据进行排序、筛选开盘均价大于或等于 5000 元的记录。本实训的最终效果如图 6-42 所示。

微课视频

管理"楼盘销售信息表"工作簿

素材所在位置 素材文件 \ 第 6 章 \ 项目实训 \ 楼盘销售信息表 .xlsx
效果所在位置 效果文件 \ 第 6 章 \ 项目实训 \ 楼盘销售信息表 .xlsx

楼盘名称	房源类型	开发公司	楼盘位置	开盘均价	总套数	已售	开盘时间
			楼盘销售信息表				
都新家园二期	预售商品房	都新房产	黄门大道16号	￥5,200	100	10	2016/6/1
世纪花园	预售商品房	都新房产	锦城街8号	￥5,500	80	18	2016/9/1
		都新房产 最大值		￥5,500		18	
碧海花园一期	预售商品房	佳乐地产	西华街12号	￥5,000	120	35	2016/1/10
云天听海佳园一期	预售商品房	佳乐地产	柳巷大道354号	￥5,000	90	45	2016/3/5
碧海花园二期	预售商品房	佳乐地产	西华街12号	￥6,000	100	23	2016/9/10
		佳乐地产 最大值		￥6,000		45	
典居房一期	预售商品房	宏远地产	金沙路10号	￥6,800	100	32	2016/1/3
都市森林二期	预售商品房	宏远地产	荣华道13号	￥6,500	100	55	2016/9/3
典居房二期	预售商品房	宏远地产	金沙路11号	￥6,200	150	36	2016/8/10
典居房三期	预售商品房	宏远地产	金沙路12号	￥6,500	100	3	2016/12/3
		宏远地产 最大值		￥6,800		55	
万福香格里花园	预售商品房	安宁地产	华新街10号	￥5,500	120	22	2016/9/15
金色年华庭院三期	预售商品房	安宁地产	晋阳路454号	￥5,000	100	70	2017/3/5
橄榄雅居二期	预售商品房	安宁地产	武青路2号	￥5,800	200	0	2017/3/20
		安宁地产 最大值		￥5,800		70	
		总计最大值		￥6,800		70	

图 6-42　"楼盘销售信息表"工作簿最终效果

2．专业背景

楼盘销售信息表具有针对性、引导性和参考价值，内容要包括开发公司名称、楼盘位置、开盘价格以及销售状况等信息。

3. 操作思路

完成本实训首先对"开盘均价"进行从高到低排序，然后筛选出开盘均价大于或等于5000 元的记录，最后按"开发公司"进行分类，并对"开盘均价"和"已售"项的最大值汇总，其操作思路如图 6-43 所示。

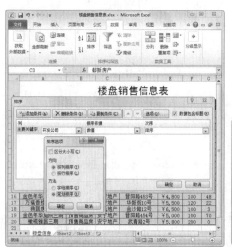  

① 添加并设置新样式　　　② 添加目录　　　③ 添加批注

图 6-43　"楼盘销售信息表"工作簿的制作思路

【步骤提示】

（1）打开"楼盘销售信息表"工作簿，选择 C2 单元格，然后在单击"数据"选项卡，在"排序和筛选"组中单击"排序"按钮 。打开"排序"对话框，设置"主要关键字"为"开发公司"选项，将"次序"设置为"降序"选项，并按"笔划排序"排列。

（2）分别在 E21 和 E22 单元格中输入"开盘均价"和">=5000"数据内容，设置筛选条件。打开"高级筛选 – 列表区域"对话框，选择列表区域为"A2:H20"，选择条件区域为"E21:E22"，筛选出开盘均价大于等于 5000 的房源记录。

（3）先删除设置的筛选条件数据区域"E21:E22"，打开"分类汇总"对话框，在"分类字段"列表框中选择"开发公司"选项，将"汇总方式"设置为"最大值"，将"开盘均价"和"已售"设置为"选定汇总项"。根据"开发公司"分类，设置"汇总方式"为"最大值"，对"开盘均价"和"已售"进行汇总。

6.5　课后练习

本章主要介绍了计算与管理 Excel 表格数据的操作方法，下面通过两个习题，使读者对各知识的应用方法及操作更加熟悉。

练习1：制作"员工培训成绩表"工作簿

打开素材文件"员工培训成绩表.xlsx"工作簿，使用公式和函数计算相关成绩，完成后的效果如图6-44所示。

素材所在位置 素材文件\第6章\课后练习\员工培训成绩表.xlsx

效果所在位置 效果文件\第6章\课后练习\员工培训成绩表.xlsx

编号	姓名	所属部门	办公软件	财务知识	法律知识	英语口语	职业素养	人力管理	总成绩	平均成绩	排名	等级
CM001	张良	行政部	87	84	95	87	78	85	516	86	4	良
CM002	胡国凤	市场部	60	54	55	58	75	55	357	59.5	7	差
CM003	郭超	研发部	99	92	94	90	91	89	555	92.5	2	优
CM004	蓝志明	财务部	83	89	96	89	75	90	522	87	3	良
CM005	陈玉	市场部	62	60	61	50	63	61	357	59.5	7	差
CM006	李东旭	市场部	70	72	60	95	84	90	471	78.5	5	一般
CM007	夏浩文	行政部	92	90	89	96	99	92	558	93	1	优
CM008	毕鑫	市场部	60	85	88	70	80	82	465	77.5	6	一般

图6-44 "员工培训成绩表"工作簿最终效果

要求操作如下。

- 打开"员工培训成绩表"工作簿，在J3单元格中输入"=SUM(D3:I3)"，计算总成绩，在K3单元格中输入"=AVERAGE(D3:I3)"计算平均成绩。
- 在L3单元格中输入"=RANK.EQ(K3,$K$3:$K$10)"计算成绩排名。在M3单元格中输入"=IF(K3<60," 差 ",IF(K3<80," 一般 ",IF(K3<90," 良 "," 优 ")))"计算成绩优良等级。

知识提示

RANK.EQ 函数的使用

RANK.EQ 用于返回一个数字在数字列表中的排位，如果多个值相同，则返回平均值排位。"=RANK.EQ(K3,$K$3:$K$10)"表示根据K3单元格中的数值在 "$K$3:$K$10" 单元格区域中的数值大小进行排位的大小。

练习2：管理"区域销售汇总表"工作簿

下面将打开"区域销售汇总表"工作簿，使用记录单输入相应的数据内容，然后对相应数据进行排序和汇总，参考效果如图6-45所示。

素材所在位置 素材文件\第6章\课后练习\区域销售汇总表.xlsx

效果所在位置 效果文件\第6章\课后练习\区域销售汇总表.xlsx

序号	销售店	产品名称	单位	销售数量	单价	销售额
20	西门店	微波炉	台	163	¥ 420.00	¥ 68,460.00
8	西门店	电饭锅	只	322	¥ 168.00	¥ 54,096.00
15	南门店	空调机	台	8	¥ 2,300.00	¥ 18,400.00
10	南门店	电热水壶	只	28	¥ 88.00	¥ 2,464.00
5	西门店	电冰箱	台	24	¥ 2,888.00	¥ 69,312.00
2	西门店	抽油烟机	台	53	¥ 666.00	¥ 35,298.00
4	西门店	电冰箱	台	98	¥ 1,280.00	¥ 125,440.00
11	南门店	电热水器	台	32	¥ 580.00	¥ 18,560.00
18	南门店	台灯	台	160	¥ 75.00	¥ 12,000.00
16	东门店	空调机	台	17	¥ 2,300.00	¥ 39,100.00
6	东门店	电冰箱	台	24	¥ 2,888.00	¥ 69,312.00
19	北门店	台式燃气灶	台	29	¥ 720.00	¥ 20,880.00
12	北门店	电热水器	台	32	¥ 580.00	¥ 18,560.00
3	东门店	抽油烟机	台	53	¥ 666.00	¥ 35,298.00
13	南门店	风扇	台	230	¥ 50.00	¥ 11,500.00
17	南门店	煤气罐	只	345	¥ 38.00	¥ 13,110.00
9	东门店	电饭锅	只	222	¥ 168.00	¥ 37,296.00
1	东门店	炒锅	只	330	¥ 118.00	¥ 38,940.00
7	北门店	电冰箱	台	23	¥ 1,280.00	¥ 29,440.00
22	北门店	洗衣机	台	36	¥ 466.00	¥ 16,776.00
21	北门店	微波炉	台	63	¥ 420.00	¥ 26,460.00
14	北门店	风扇	台	430	¥ 50.00	¥ 21,500.00

序号	销售店	产品名称	单位	销售数量	单价	销售额
5	西门店	电冰箱	台	24	¥ 2,888.00	¥ 69,312.00
2	西门店	抽油烟机	台	53	¥ 666.00	¥ 35,298.00
4	西门店	电冰箱	台	98	¥ 1,280.00	¥ 125,440.00
20	西门店	微波炉	台	163	¥ 420.00	¥ 68,460.00
8	西门店	电饭锅	只	322	¥ 168.00	¥ 54,096.00
	西门店 汇总			660		¥ 352,606.00
15	南门店	空调机	台	8	¥ 2,300.00	¥ 18,400.00
10	南门店	电热水壶	只	28	¥ 88.00	¥ 2,464.00
11	南门店	电热水器	台	32	¥ 580.00	¥ 18,560.00
18	南门店	台灯	台	160	¥ 75.00	¥ 12,000.00
13	南门店	风扇	台	230	¥ 50.00	¥ 11,500.00
17	南门店	煤气罐	只	345	¥ 38.00	¥ 13,110.00
	南门店 汇总			803		¥ 76,034.00
16	东门店	空调机	台	17	¥ 2,300.00	¥ 39,100.00
6	东门店	电冰箱	台	24	¥ 2,888.00	¥ 69,312.00
3	东门店	抽油烟机	台	53	¥ 666.00	¥ 35,298.00
9	东门店	电饭锅	只	222	¥ 168.00	¥ 37,296.00
1	东门店	炒锅	只	330	¥ 118.00	¥ 38,940.00
	东门店 汇总			646		¥ 219,946.00
7	北门店	电冰箱	台	23	¥ 1,280.00	¥ 29,440.00
19	北门店	台式燃气灶	台	29	¥ 720.00	¥ 20,880.00
12	北门店	电热水器	台	32	¥ 580.00	¥ 18,560.00
22	北门店	洗衣机	台	36	¥ 466.00	¥ 16,776.00
21	北门店	微波炉	台	63	¥ 420.00	¥ 26,460.00
14	北门店	风扇	台	430	¥ 50.00	¥ 21,500.00
	北门店 汇总			613		¥ 133,616.00
	总计			2722		¥ 782,202.00

图 6-45 “区域销售汇总表”工作簿最终效果

操作要求如下。

- 打开“区域销售汇总表”工作簿，添加“记录单”到快速访问工具栏中，然后输入数据信息。
- 以“销售店”为主要关键字降序排列，以“销售数量”为次要关键字升序排列。
- 以“销售店”为分类字段，汇总“销售数量”和“销售额”数据。

6.6 技巧提升

1. 用 NOW 函数显示当前日期和时间

NOW 函数可以返回计算机系统内部时钟的当前日期和时间。其语法结构为：NOW()，没有参数，并且如果包含公式的单元格格式设置不同，则返回的日期和时间的格式也不相同。其方法为：在工作簿中选择目标单元格，输入“=NOW()”，按【Enter】键即可显示计算机系统当前的日期和时间，如图 6-46 所示。

C2　=NOW()

制作日期：		2016/9/8 14:00								
员工编号	员工姓名	应领工资				应扣工资				实发工资
		基本工资	加班	奖金	小计	迟到	事假	病假	小计	
001	穆慧	¥ 5,000.00	¥ -	¥ 200.00	¥ 5,200.00	¥ -	¥ -	¥ -	¥ -	¥ 5,200.00
002	萧小丰	¥ 3,000.00	¥ -	¥ -	¥ 3,000.00	¥ -	¥ 50.00	¥ -	¥ 50.00	¥ 2,950.00
003	许如云	¥ 3,000.00	¥ 240.00	¥ 200.00	¥ 3,440.00	¥ -	¥ -	¥ -	¥ -	¥ 3,440.00
004	章海兵	¥ 3,000.00	¥ 240.00	¥ -	¥ 3,240.00	¥ 20.00	¥ -	¥ -	¥ 20.00	¥ 3,220.00
005	贺阳	¥ 5,000.00	¥ -	¥ 200.00	¥ 5,200.00	¥ -	¥ -	¥ -	¥ -	¥ 5,200.00
006	杨春丽	¥ 4,000.00	¥ 300.00	¥ 200.00	¥ 4,500.00	¥ -	¥ -	¥ -	¥ -	¥ 4,500.00

图 6-46 显示当前日期和时间效果

2. 用 MID 函数从身份证号码中提取出生日期

MID 函数用于返回文本字符串中从指定位置开始的特定数目的字符，该数目由用户指定。其语法结构为：MID(text,start_num,num_chars)，各参数含义分别是，text 是包含要提取字符的文本字符串；start_num 是文本中要提取的第一个字符的位置，文本中第一个字符的 start_num 为 1，依此类推；num_chars 指定希望 MID 从文本中返回字符的个数。如图 6-47 所示使用 MID 函数根据客户的身份证号码提取其出生日期，在 D3 单元格输入函数

"=MID(C3,7,8)"，按【Enter】键并填充公式。

3. 用 COUNT 函数统计单元格数量

COUNT 函数用于只返回包含数字单元格的个数。同时还可以计算单元格区域或数字数组中数字字段的输入项个数，空白单元格或文本单元格将不计算在内。其语法结构为：COUNT(value1,value2,...)，其中参数 value1，value2, ... 是可以包含或引用各种类型数据的 1 到 255 个参数，但只有数字类型的数据才计算在内。如图 6-48 所示为使用 COUNT 函数统计实际参赛的人数。

图 6-47 提取出生日期 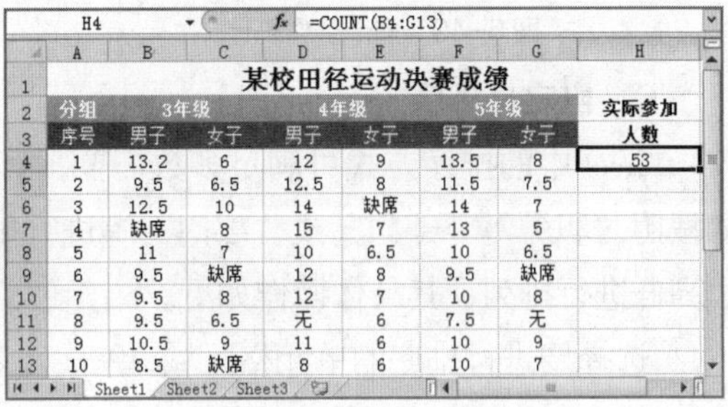   图 6-48 统计单元格数量

4. 用 COUNTIFS 函数按多条件进行统计

COUNTIFS 用于计算区域中满足多个条件的单元格数目。其语法结构为：COUNTIFS(range1,criteria1,range2,criteria2...)，其中 range1,range2...是计算关联条件的 1~127 个区域，每个区域中的单元格必须是数字或包含数字的名称、数组或引用，空值和文本值会被忽略；"criteria1, criteria2, ...是数字、表达式、单元格引用或文本形式的 1~127 个条件，用于定义要对哪些单元格进行计算。

如图 6-49 所示使用 COUNTIFS 函数统计每个班级参赛选手分数大于等于 8.5，小于 10 的人数，在表格中选择 H3 单元格，输入函数 "=COUNTIFS(B3:G3,">=8.5",B3:G3,"<10")"，按【Enter】键便可求出一班分数大于等于 8.5，小于 10 的人数，然后复制函数到 H12 单元格中。

5. 相同数据排名

RANK 函数采用美式排名方式，在数值大小相同的情况下，名次将相同，如都为 269 分，则排名也相同，下一位次将被占，而我们的日常习惯是无论有多少位名次相同，如有 2 个第 3 名，下一位仍旧是第 4 名。

如图 6-50 所示使用 RANK 函数进行排名，其中有 2 名选手的名次相同，均为第 6 名，而没有第 7 名，下一位直接是第 8 名，此时可使用 COUNTIF 函数，在单元格中输入 "=SUMPRODUCT((G$3:G$12>$G3)/ COUNTIF(G$3:G$12,G$3:G$12))+1"，这里主要利用了 COUNTIF 函数统计不重复值的原理，实现去除重复值后的排名，总分为 "269" 的 6、7 号并列第 6 名，总分 "265" 的 2 号排在第 7 名（SUMPRODUCT 函数用于在给定的几组数组中，将数组间对应元素相乘，并返回乘积之和）。

图 6-49　多个条件统计

图 6-50　中国式排列名次

6. 自定义排序

Excel 中的排序方式可满足多数需要，对于一些有特殊要求的排序可进行自定义设置，如按照 "职务" "部门" 或 "部门" 等进行排序。下面在工作簿中设置自定义排序，按照职位高低进行排列，其具体操作如下。

（1）选择要进行排序的单元格区域，单击 "数据" 选项卡，选择 "排序和筛选" 选项，单击 "排序" 按钮 ，打开 "排序" 对话框，在 "主要关键字" 列表框中选择 "职务" 选项，在 "次序" 列表框中选择 "自定义序列" 选项，如图 6-51 所示。

图 6-51　选择自定义排序方式

（2）打开 "自定义序列" 对话框，在 "自定义序列" 选项卡的 "输入序列" 文本框中输入自定义的新序列，然后单击 确定 按钮，如图 6-52 所示。

（3）返回 "排序" 对话框，单击 确定 按钮，返回工作表，便可查看到按照职位高低进行排序的效果，如图 6-53 所示。

图 6-52　输入自定义排序内容

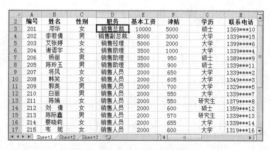

图 6-53　自定义排序效果

CHAPTER 7

第 7 章
Excel 图表分析

老洪告诉米拉，快到年终了，公司决定制作一张图表分析近几年的产品销售情况，帮助公司分析未来的产品销售途径和销售地区的安排。米拉心里嘀咕着，又来任务了，带着疑问，米拉开始认真地学习制作起来……

学习目标

● 掌握使用图表分析数据的操作方法

　　掌握使用迷你图分析数据、创建图表、编辑与美化图表、在图表中添加趋势线预测销售数据等操作。

● 掌握使用数据透视表和数据透视图分析数据的方法

　　掌握数据透视表的创建和编辑、数据透视图的创建和设置、在数据透视图中筛选分析数据等操作。

案例展示

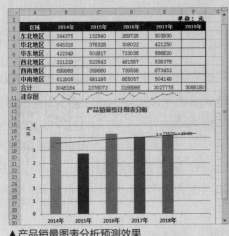

▲产品销量图表分析预测效果

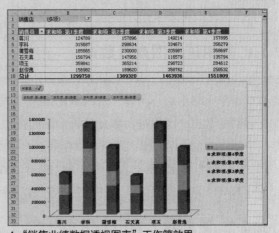

▲"销售业绩数据透视图表"工作簿效果

7.1　课堂案例：分析"产品销量统计表"工作簿

如何分析"产品销量统计表"呢？万事开头难，老洪告诉米拉要去分析"产品销量统计表"，只要掌握如何创建合适的图表，然后对图表进行编辑和美化即可。"还需要美化图表？"米拉问老洪。"当然，图表分析数据，其结果如要进行展示，总不希望领导看到图表乱七八糟，又毫无重点吧"。"原来如此！"米拉开始忙碌起来，着手制作图表，完成后的参考效果如图 7-1 所示。

素材所在位置　素材文件 \ 第 7 章 \ 课堂案例 \ 产品销量统计表 .xlsx
效果所在位置　效果文件 \ 第 7 章 \ 课堂案例 \ 产品销量统计表 .xlsx

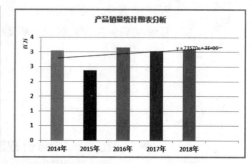

图 7-1　"产品销量统计表"工作簿分析预测效果

使用图表分析销售量的意义

职业素养

"产品销量统计表"主要用于统计公司产品的销售情况，如统计各地区的销售量、各年度的销售量等。使用图表分析产品销售情况，可以直观地查看最近几年产品的销售趋势，以及哪个地区的销售量最高，总结这些分析结果，可以对未来产品的销售重点做出安排，如是否继续扩大规模生产产品，哪里可以存放更多的产品进行售卖等。

7.1.1　使用迷你图查看数据

Excel 2010 提供了一种全新的图表制作工具，即迷你图。迷你图是存在于单元格中的小图表，它以单元格为绘图区域，简单便捷地绘制出简明的数据小图表进行数据分析。下面在"产品销量统计表"工作簿中创建并编辑迷你图，其具体操作如下。

（1）打开"产品销量统计表"工作簿，选择 A11 单元格，输入数据"迷你图"，然后选择 B11:E11 单元格区域，单击"插入"选项卡，在"迷你图"组中单击"折线图"按钮。

（2）系统自动将鼠标光标定位到打开的"创建迷你图"对话框的"数据范围"文本框中，

然后在工作表中选择 B4:E9 单元格区域，完成后单击 确定 按钮，如图 7-2 所示。

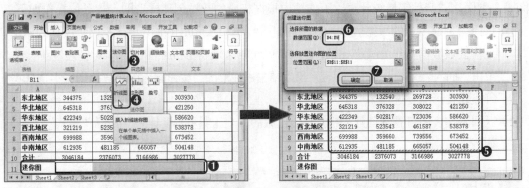

图 7-2　选择迷你图的类型和数据范围

（3）返回工作表中可看到 B11:E11 单元格区域中创建的迷你图，然后保持选择 B11:E11 单元格区域，在"设计"选项卡的"显示"组中单击选中 标记 复选框，如图 7-3 所示。

（4）在"设计"选项卡的"样式"组中单击 按钮，在弹出的列表框中选择如图 7-4 所示的选项，返回工作表中可看到编辑后的迷你图效果。

图 7-3　显示标注

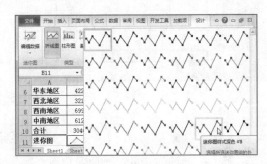

图 7-4　设置迷你图样式

多学一招

编辑迷你图存放位置和数据源

　　在迷你图工具"设计"选项卡的"迷你图"组中单击"编辑数据"按钮 ，在弹出的列表中选择"编辑组位置和数据"选项，可编辑迷你图组的位置与数据，选择"编辑单个迷你图的数据"选项，可编辑单个迷你图的源数据区域。

7.1.2　使用图表分析数据

　　为使表格中的数据看起来更直观，可以将数据以图表的形式显示，这是图表最明显的优势。使用它可以清楚地显示数据的大小和变化情况，帮助用户分析数据，查看数据的差异、走势并预测发展趋势。

1. 创建图表

　　在 Excel 中提供了多种图表类型，不同的图表类型所使用的场合各不相同，如柱形图常用于进行多个项目之间的数据的对比；折线图

微课视频

创建图表

用于显示等时间间隔数据的变化趋势。用户应根据实际需要选择适合的图表类型创建所需的图表。下面在"产品销量统计表"工作簿中根据相应的数据创建柱形图，其具体操作如下。

（1）选择需创建图表的数据区域，这里同时选择 B3:E3 和 B10:E10 单元格区域（B10:E10 单元格区域数据将作为横坐标轴，B3:E3 单元格区域将形成绘图区，即对销售量统计），单击"插入"选项卡，在"图表"组中单击"柱形图"按钮，在弹出的列表中选择"三维簇状柱形图"选项。

（2）返回工作表中可看到创建的柱形图，且激活图表工具的"设计""布局""格式"选项卡，如图 7-5 所示。

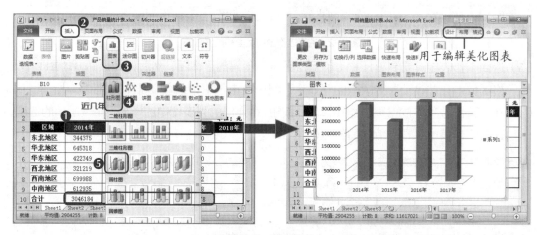

图 7-5　创建图表

通过"创建图表"对话框创建图表

单击"插入"选项卡，在"图表"组中单击对话框扩展按钮，将打开"创建图表"对话框，在其中可选择更多的图表类型和图表样式进行创建。

2. 编辑与美化图表

为了在工作表中创建出令人满意的图表效果，可以根据需要对图表的位置、大小、类型以及图表中的数据进行编辑与美化。下面在"产品销量统计表"工作簿中编辑并美化创建的柱形图，其具体操作如下。

微课视频

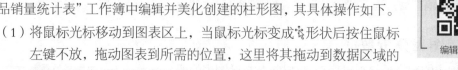

编辑与美化图表

（1）将鼠标光标移动到图表区上，当鼠标光标变成形状后按住鼠标左键不放，拖动图表到所需的位置，这里将其拖动到数据区域的下方，到合适位置后释放鼠标，图表区和图表区中各部分的位置即可移动到相应的目标位置，如图 7-6 所示。

（2）在图例区上单击鼠标选中图例，然后单击鼠标右键，在弹出的快捷菜单中选择"删除"命令，将图例删除，如图 7-7 所示。

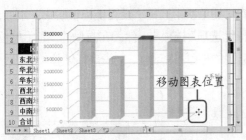
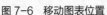

图 7-6　移动图表位置

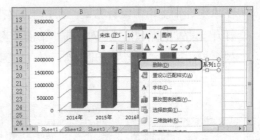

图 7-7　删除图例

（3）保持图表的选中状态，单击"布局"选项卡，在"标签"组中单击"图表标题"按钮
　　　，在弹出的列表中选择"图表上方"选项，如图 7-8 所示。

（4）此时在图表上方插入"图表标题"文本框，在其中选择文本"图表标题"，然后输入文本"产
　　　品销量统计图表分析"，并在"开始"选项卡中的"字体"组中将字体格式设置为"方
　　　正粗倩简体、深红、加粗"，如图 7-9 所示。

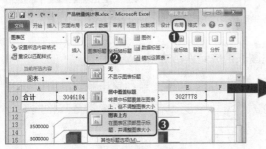

图 7-8　将标题添加至图表上方

图 7-9　输入并设置图表标题

添加或隐藏图表的标签

　　　　单击"布局"选项卡，在"标签"组中除了设置图表标题，单击其
他相应按钮，还可添加或隐藏坐标轴标题、图例和数据标签等标签元素，
并设置其显示位置。

（5）将鼠标光标移动到图表区右下角上，当鼠标光标变成　形状后按住鼠标左键不放，拖动
　　　鼠标将图表放大，此时鼠标光标变为+形状，至合适大小后释放鼠标，如图 7-10 所示。

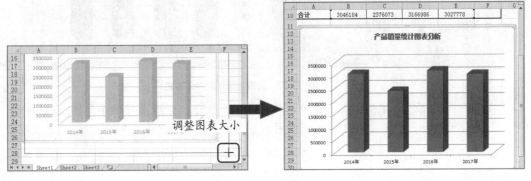

图 7-10　调整图表大小

（6）在纵坐标轴上单击鼠标右键，在弹出的右键快捷菜单中选择"设置坐标轴格式"命令，打开"设置坐标轴格式"对话框，单击"坐标轴选项"选项卡，然后在右侧的"显示单位"列表框中选择"百万"选项，然后单击 关闭 按钮关闭对话框，完成坐标轴单位的设置，如图7-11所示。

图7-11 设置纵坐标轴显示格式

多学一招

设置图表组成元素格式

在图表的组成元素，如绘图区、图表区等元素上单击鼠标右键，在弹出的快捷菜单中选择对应的命令，可在打开的对话框中设置其格式，方法类似。

（7）在纵坐标轴上单击鼠标右键，在弹出的右键快捷菜单中选择"字体"命令，打开"字体"对话框，单击"字体"选项卡，在"字体样式"列表框中选择"加粗"选项，在"大小"列表框中选择"12"选项，然后单击 确定 按钮关闭对话框，确认坐标轴字体设置，然后利用相同方法设置横坐标轴的字体，效果如图7-12所示。

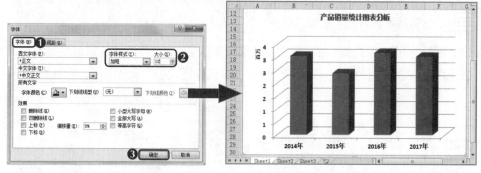

图7-12 设置坐标轴的字体格式

（8）在绘图区的形状上单击鼠标，选择形状系列，再次单击鼠标选择单个形状，然后单击"格式"选项卡，在"形状样式"组中单击"形状填充"按钮 ，在弹出的列表中选择"橙色，强调文字颜色6，深色，25%"选项，填充绘图区形状的颜色，如图7-13所示。

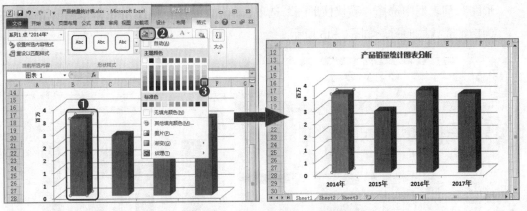

图 7-13 设置绘图区中形状的填充颜色

（9）利用相同方法，依次将其他绘图区中的形状的填充颜色设置为"深蓝""红色"和"橄榄色，强调文字颜色 3，深色 50%"，效果如图 7-14 所示。

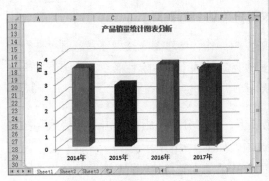

图 7-14 填充颜色后的效果

应用快速样式

选择图表的绘图区或绘图区中的形状，单击"格式"选项卡，在"形状样式"列表框中提供了预置的样式选项，选择对应的选项将快速应用形状样式效果，包括形状填充颜色、形状轮廓颜色和形状效果。

图表的布局和快速样式

选择图表后，单击"设计"选项卡，在"图表布局"组中单击"快速布局"按钮，在弹出的列表中选择对应选项，可快速对图表中元素的位置、格式等进行布局；在"图表样式"组中单击"快速样式"按钮，在弹出的列表中选择对应选项，可对图表进行样式设计，包括填充颜色和形状效果等。

7.1.3 添加趋势线

趋势线用于以图形的方式显示数据的变化趋势并帮助分析、预测问题。在图表中添加趋势线可延伸至实际数据以外来预测未来值。下面在"产品销量统计表"工作簿的图表中添加趋势线，其具体操作如下。

微课视频

添加趋势线

（1）选择图表区，在"设计"选项卡的"类型"组中单击"更改图表类型"按钮，打开"更改图表类型"对话框，单击"柱形图"选项卡，在右侧界面的"柱形图"列表框中选择"簇状柱形图"选项，单击 确定 按钮，将三维簇状柱形图更改为二维簇状柱形图，如图 7-15 所示。

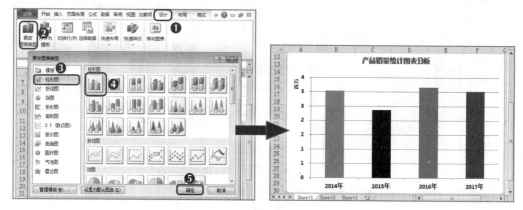

图 7-15　更改图表类型

　更改图表类型的原因

　　更改图表类型是编辑图表的常用操作，当对图表类型不满意时可进行更改，这里将三维簇状柱形图更改为二维的平面簇状柱形图，是因为三维图形无法添加趋势线。更改图表类型，格式设置将保留。

（2）选择图表区，单击图表工具的"布局"选项卡，在"分析"组中单击"趋势线"按钮，在弹出的列表中选择"线性趋势线"选项，如图 7-16 所示。

（3）在添加的趋势线上单击鼠标右键，在弹出的快捷菜单中选择"设置趋势线格式"命令，如图 7-17 所示。

图 7-16　选择趋势线类型

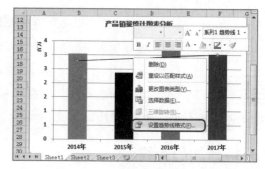

图 7-17　选择"设置趋势线格式"命令

（4）在打开的"设置趋势线格式"对话框的"趋势线选项"选项卡的"趋势线名称"栏中单击选中 ◉ 自定义(C) 单选项，在其文本框中输入"预测 2018 年销量"，在"趋势预测"栏的"前推"数值框中输入"1"，单击选中 ☑显示公式(E) 复选框，完成后单击 关闭 按钮，如图 7-18 所示，返回工作表中将显示出趋势线对应的解析式"$y = 73570x + 3E+06$"。

（5）要在工作表中显示出趋势线的预测结果，可先选择图表区，单击图表工具的"设计"选项卡，在"数据"组中单击"选择数据"按钮，如图7-19所示。

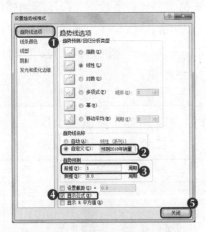

图7-18 设置趋势线选项

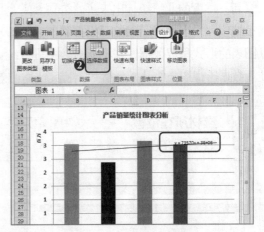

图7-19 单击"选择数据"按钮

（6）在打开的"选择数据源"对话框中自动选择"图表数据区域"文本框中的数据，将"=Sheet1!$B$3:$E$3,Sheet1!$B$10:$E$10"修改为"=Sheet1!$B$3:$F$3,Sheet1!$B$10:$F$10"，将"B3:E3、B10:E10"数据源修改为"B3:F3、B10:F10"，然后单击 确定 按钮，如图7-20所示，在工作表的图表区域的横坐标轴上可看到添加的数据系列。

（7）在工作表中选择 F10 单元格，反复输入与预测值相近的数据，直到图表中的解析式与"y=73570x+3E+06"相近时，即可预测出 2018 年的总销售额为"3088180"，如图7-21所示。

图7-20 更改图表数据区域

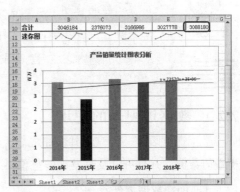

图7-21 预测 2018 年总销售额

趋势线格式设置

多学一招

可对添加的默认趋势线格式进行设置，单击"格式"选项卡，在"形状样式"组中单击 形状轮廓 按钮可设置趋势线的颜色、粗细以及箭头样式等。单击 形状效果 按钮可设置趋势线效果样式。

7.2 课堂案例：分析"员工销售业绩图表"工作簿

新一季度的业绩统计出来了，公司要求米拉综合分析员工销售业绩数据，但不同的销售店，销售人员也不同，因此要根据销售店统计并分析销售人员的销售业绩，普通的图表只能以图表的形式呈现数据，并不能对数据进行统计操作，该怎么办呢？老洪告诉米拉，此时应使用数据透视图表统计并分析数据，完成后的效果如图7-22所示。

素材所在位置　素材文件 \ 第 7 章 \ 课堂案例 \ 员工销售业绩图表 .xlsx

效果所在位置　效果文件 \ 第 7 章 \ 课堂案例 \ 员工销售业绩图表 .xlsx

 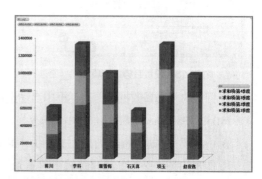

图 7-22　员工销售业绩数据透视图表的效果

"销售业绩数据透视图表"的分析角度

职业素养

为方便管理人员及时掌握销售动态，提高销售人员的积极性，定期（如按年度、月度或季度）从不同角度分析并统计员工销售业绩非常重要，如从不同的销售店、销售人员或销售产品分析一定时间内的产品销售总额等。

7.2.1　数据透视表的使用

数据透视表是一种查询并快速汇总大量数据的交互式方式。使用数据透视表可以深入分析数值数据，并且可以及时发现一些预料之外的数据问题。

1. 创建数据透视表

微课视频

创建数据透视表

创建数据透视表的方法很简单，只需连接到相应的数据源，并确定报表创建位置即可。下面在"员工销售业绩图表"工作簿中创建数据透视表，其具体操作如下。

（1）打开"员工销售业绩图表"工作簿，选择数据源对应的单元格区域，
　　　这里选择 A3:G15 单元格区域，单击"插入"选项卡，在"表格"组中单击"数据透视表"
　　　按钮🔲下方的▾按钮，在弹出的列表中选择"数据透视表"选项。

（2）在打开的"创建数据透视表"对话框中保持默认设置，然后单击 确定 按钮，系统将自

動新建一个空白工作表存放创建的空白数据透视表，并激活数据透视表工具的"选项"和"设计"两个选项卡，且打开"数据透视表字段列表"任务窗格，如图 7-23 所示。

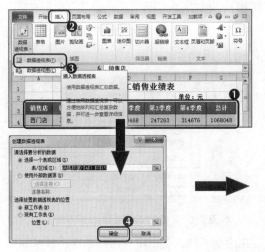

图 7-23　创建数据透视表

在现有工作表中创建数据透视表

在"创建数据透视表"对话框中单击选中 ⊙ 现有工作表(E) 单选项，将鼠标光标定位到"位置"文本框中，然后在数据源所在的工作表中选择所需的单元格，可设置数据透视表的存放位置。

2. 编辑与美化数据透视表

在数据透视表中为方便对数据进行分析和整理，还可根据需要对数据透视表进行编辑与美化。下面在"员工销售业绩图表"工作簿中编辑与美化数据透视表，其具体操作如下。

微课视频

编辑与美化数据透视表

（1）将存放数据透视表的工作表重命名为"数据透视表"，然后在"数据透视表字段列表"任务窗格的"选择要添加到报表的字段"列表框中单击选中所需字段对应的复选框，创建带有数据的数据透视表，如图 7-24 所示。

（2）在"在以下区域间拖动字段"栏中选择相应的字段，这里选择"销售店"字段，单击右侧的 ▼ 按钮，在弹出的列表中选择"移动到报表筛选"选项，如图 7-25 所示。

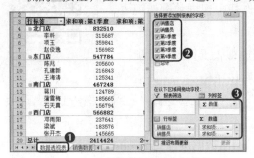

图 7-24　在数据透视表中添加字段　　　图 7-25　移动字段位置

（3）将"销售店"字段移动到报表筛选后，在工作表中的"销售店"字段右侧单击 按钮，在弹出的列表中选择需查看的区域，这里单击选中 ☑选择多项 复选框，然后撤销选中的 □北门店 和 □南门店 复选框，然后单击 确定 按钮，如图 7-26 所示。

（4）在数据透视表工具的"设计"选项卡的"布局"组中单击"报表布局"按钮 ，在弹出的列表中选择"以表格形式显示"选项，如图 7-27 所示。

图 7-26　在报表筛选中查看所需的字段　　　　图 7-27　设置报表布局的显示方式

（5）在数据透视表工具的"设计"选项卡的"数据透视表样式"组中单击对话框扩展按钮 ，在弹出的列表中选择如图 7-28 所示的样式。

（6）返回工作表中选择除数据透视表区域外的任意空白单元格，将不显示"数据透视表字段列表"任务窗格，如图 7-29 所示。

图 7-28　设置数据透视表样式

图 7-29　查看数据透视表效果

7.2.2　数据透视图的使用

数据透视图不仅具有数据透视表的交互功能，还具有图表的图释功能，利用它可以更直观地查看工作表中的数据，更利于分析与对比数据。

1．创建数据透视图

数据透视图以图形形式表示数据透视表中的数据，方便用户查看并比较数据。下面在"员工销售业绩图表"工作簿中根据数据透视表创建数据透视图，其具体操作如下。

（1）选择数据透视表中的任意单元格，在数据透视表工具的"选项"选项卡的"工具"组中单击"数据透视图"按钮 。

（2）在打开的"插入图表"对话框的"柱形图"选项卡右侧选择"三维堆积柱形图"选项，单击 确定 按钮，如图 7-30 所示。

（3）返回工作表中可看到创建的数据透视图，且激活数据透视图工具的"设计""布局""格式""分析"选项卡，如图 7-31 所示。

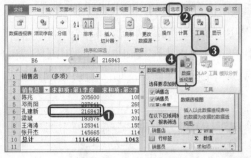

图 7-30　设置数据透视图的图表类型

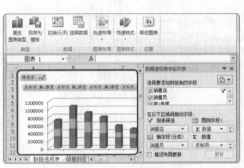

图 7-31　创建数据透视图

直接创建数据透视图

在工作表中选择数据源，单击"插入"选项卡，选择"表格"组，单击"数据透视表"按钮下方的按钮，在弹出的下拉列表中选择"数据透视图"选项，直接进行创建。

2. 设置数据透视图

设置数据透视图的方法与图表类似，如设置数据透视图中图表类型、样式以及图表中各元素的格式等。下面在"员工销售业绩图表"工作簿中设置数据透视图，其具体操作如下。

（1）选择数据透视图，在数据透视图工具的"设计"选项卡的"位置"组中单击"移动图表"按钮。

（2）在打开的"移动图表"对话框中单击选中"新工作表"单选项，在文本框中输入"数据透视图"，单击 确定 按钮，返回工作表中可看到数据透视图存放到新建的名为"数据透视图"的工作表中，如图 7-32 所示。

微课视频

设置数据透视图

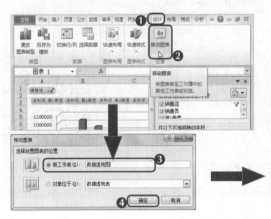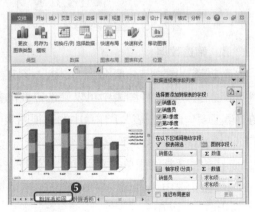

图 7-32　移动数据透视图位置

（3）单击 ✖ 按钮关闭"数据透视表字段列表"任务窗格，然后选择数据透视图，单击"格式"选项卡，在"形状样式"组单击 ▾ 按钮，在弹出的列表中选择如图 7-33 所示的样式。

（4）单击"布局"选项卡，在"坐标轴"组中单击"网格线"按钮 ，在弹出的列表中选择"主要横网格线"选项，在弹出的子列表中选择"无"选项，隐藏横网格线，如图 7-34 所示。

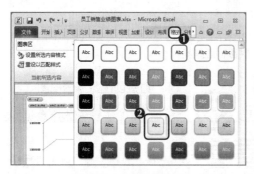

图 7-33　设置图表样式

图 7-34　隐藏网格线

（5）在横坐标轴上单击鼠标右键，在弹出的右键快捷菜单中选择"字体"命令，打开"字体"对话框，单击"字体"选项卡，在"字体样式"列表框中选择"加粗"选项，在"大小"数值框中输入"16"，单击 确定 按钮，如图 7-35 所示。

（6）按照相同的方法，将纵坐标轴和图例的字体样式设置为"加粗"，大小设置为"16"，完成后的效果如图 7-36 所示。

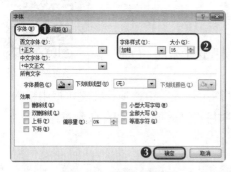

图 7-35　设置坐标轴字体

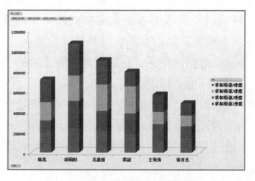

图 7-36　美化图表的效果

3. 筛选数据

　　数据透视图表与一般图表的最大不同在于数据透视图表具有交互性功能，在数据透视图表中可以筛选需要的数据进行直观查看。下面在"员工销售业绩图表"工作簿中的透视图表中筛选出"北门店"和"南门店"数据进行查看，其具体操作如下。

微课视频

筛选数据

（1）在数据透视图中单击左上角的"筛选"按钮 ，在弹出的列表框中撤销选中 □ 东门店 和 □ 西门店 复选框，然后单击选中 ☑ 北门店 和 ☑ 南门店 复选框，单击 确定 按钮，如图 7-37 所示。

（2）返回透视图表，可看到原来的"东门店"和"西门店"数据信息被隐藏，筛选出"北门店"和"南门店"的数据内容，如图 7-38 所示。

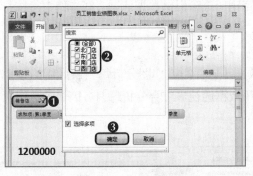

图 7-37　筛选数据

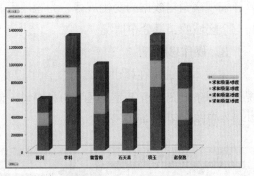

图 7-38　筛选数据后的图表效果

7.3　项目实训

　　本章通过分析"产品销量统计表"和"员工销售业绩图表"两个课堂案例，讲解了 Excel 图表分析的相关知识，其中创建图表、编辑和美化图表、使用趋势线预测数据、创建数据透视表和数据透视图、编辑数据透视表、使用数据透视表分析数据等操作，是日常办公中经常使用的知识点，应重点学习和把握。下面通过两个项目实训，灵活运用本章学习的知识。

7.3.1　制作"每月销量分析表"工作簿

1．实训目标

　　本实训的目标是制作每月销量分析表，可以在已有的工作表中根据相应的数据区域使用迷你图、条形图、数据透视表分析数据。本实训的最终效果如图 7-39 所示。

微课视频

制作"每月销量分析表"工作簿

素材所在位置　素材文件＼第 7 章＼项目实训＼每月销量分析表 .xlsx
效果所在位置　效果文件＼第 7 章＼项目实训＼每月销量分析表 .xlsx

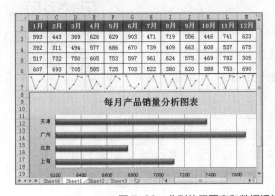

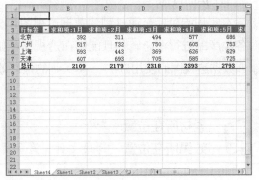

图 7-39　分别使用图表和数据透视表分析每月销量数据的最终效果

2. 专业背景

对一定时期内的销售数据进行统计与分析，不仅可以掌握销售数据的发展趋势，而且可以详细观察销售数据的变化规律，为管理者制定销售决策提供数据依据。在本例中将按月分析每个区域的销量分布情况。

3. 操作思路

完成本实训可在提供的素材文件中根据数据区域使用迷你图分析每月各区域的销量情况，使用条形图分析年度各区域的总销量，使用数据透视表综合分析每月各区域的总销量，其操作思路如图 7-40 所示。

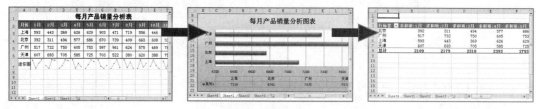

① 创建并编辑迷你图　　　　② 创建并编辑条形图　　　　③ 创建并编辑数据透视表

图 7-40　"每月销量分析表"工作簿的制作思路

【步骤提示】

（1）打开"每月销量分析表"工作簿，在 A7 单元格中输入数据"迷你图"，然后在 B7:M7 单元格区域中创建迷你图，并显示迷你图标注和设置迷你图样式为"迷你图样式彩色 #2"，完成后调整行高。

（2）同时选择 A3:A6 和 N3:N6 单元格区域，创建"簇状条形图"，然后设置图表布局为"布局 5"，并输入图表标题"每月产品销量分析图表"。

（3）设置图表样式为"样式 28"，形状样式为"细微效果 – 黑色，深色 1"，完成后移动图表到适合位置。

（4）选择 A2:N6 单元格区域，创建数据透视表并将其存放到新的工作表中，然后添加每月对应的字段，完成后设置数据透视表样式为"数据透视表样式中等深浅 10"。

7.3.2　分析"产品订单明细表"工作簿

1. 实训目标

本实训的目标是通过创建数据透视图分析"产品订单明细表"，对各类产品进行汇总，并且能够在透视图中筛查看数据信息，使用户掌握数据透视图的使用方法。本实训的最终效果如图 7-41 所示。

微课视频

分析"产品订单明细"工作簿

素材所在位置　素材文件 \ 第 7 章 \ 项目实训 \ 产品订单明细表 .xlsx
效果所在位置　效果文件 \ 第 7 章 \ 项目实训 \ 产品订单明细表 .xlsx

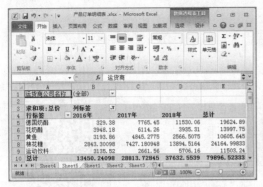 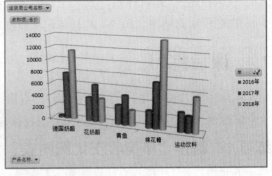

图 7-41　"产品订单明细表"工作簿最终效果

2. 专业背景

"产品订单明细表"是公司用于详细记录产品的订单内容，相关记录需要非常明确，包括产品名称、订单编号、订购日期、到货日期、发货日期、运货商名称、单价、数量、折扣和运费等主要内容。由于"产品订单明细表"的内容较多，使用图表分析尤为重要，可以使数据明朗化，帮助上级清楚直观地查看其中的数据内容。

3. 操作思路

完成本实训首先创建数据透视图表，依次将添加的字段移到相应位置，然后对数据透视表进行美化，最后通过筛选功能浏览数据信息，其操作思路如图 7-42 所示。

　　① 创建数据透视图　　　　　　② 添加并移动字段　　　　　　③ 筛选数据

图 7-42　"产品订单明细表"工作簿的制作思路

【步骤提示】

（1）打开"产品订单明细表 .xlsx"，单击"插入"选项卡，选择"表格"组，单击"数据透视表"按钮下方的 按钮，在弹出的列表中选择"数据透视图"选项，在打开的对话框中单击选中 ◉ 新工作表(N) 单选按钮，在行工作表中创建数据透视图。

（2）添加"运货商公司""产品名称""年""总价"字段，并分别将"运货商公司"字段移到"报表筛选"列表框，将"年"字段移到"图例字段"列表框，将"产品名称"移到"轴字段（分类）"列表框。

（3）将图表类型更改为"簇状圆柱图"图表类型，然后为图表应用"细微效果 – 水绿色，强调颜色 5"形状样式。

（4）在图例中筛选出"2017"的订单记录数据。

7.4 课后练习

本章主要介绍了使用图表分析 Excel 表格数据的方法，下面通过两个练习题，使读者对各知识的应用方法及操作更加熟悉。

微课视频

制作"年度收支比例图表"工作簿

练习 1：制作"年度收支比例图表"工作簿

下面将打开"年度收支比例图表"工作簿，创建"三维饼图"图表，然后对图表进行编辑美化，完成后的效果如图 7-43 所示。

素材所在位置　素材文件＼第 7 章＼课后练习＼年度收支比例图表 .xlsx
效果所在位置　效果文件＼第 7 章＼课后练习＼年度收支比例图表 .xlsx

图 7-43　"年度收支比例图表"工作簿最终效果

操作要求如下。

● 打开"年度收支比例图表"工作簿，选择数据区域，创建"三维饼图"图表。

● 设置图表布局为"布局 1"，并输入图表标题为"年度收支比例图表"。

● 设置图表样式为"样式 26"，形状样式为"细微效果 – 橙色，强调颜色 6"，完成后移动图表到适合位置并调整图表大小。

微课视频

分析各季度销售数据

练习 2：分析各季度销售数据

下面将在"季度销售数据汇总表"工作簿中分别创建数据透视表和数据透视图，参考效果如图 7-44 所示。

素材所在位置　素材文件＼第 7 章＼课后练习＼季度销售数据汇总表 .xlsx
效果所在位置　效果文件＼第 7 章＼课后练习＼季度销售数据汇总表 .xlsx

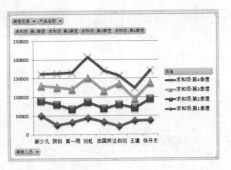

图 7-44 "季度销售数据汇总表"工作簿最终效果

操作要求如下。

● 打开"季度销售数据汇总表"工作簿，在工作表中根据数据区域创建数据透视表并将其存放到新的工作表中，然后添加相应的字段，并将"销售区域"和"产品名称"字段移动到报表筛选列表框中。

● 根据数据透视表创建"堆积折线图"数据透视图，并调整数据透视图的位置和大小，设置数据透视图样式为"样式26"，完成后将存放数据透视图表的工作表重命名为"数据透视图表"。

7.5 技巧提升

1. 删除创建的迷你图

在创建的迷你图组中选择单个迷你图，在"设计"选项卡的"分组"组中单击 ⊘ 清除 按钮右侧的 ▾ 按钮，在弹出的列表中选择相应的选项可清除所选的迷你图或迷你图组。

2. 更新或清除数据透视表的数据

要更新数据透视表中的数据，可在数据透视表工具的"选项"选项卡的"数据"组中单击"刷新"按钮 🗐 下方的 ▾ 按钮，在弹出的列表中选择"刷新"或"全部刷新"选项；要清除数据透视表中的数据，则需在"操作"组中单击"清除"按钮 🗟，在弹出的列表中选择"全部清除"选项。

3. 更新数据透视图的数据

如果更改了数据源表格中的数据，此时需要手动更新数据透视图中的数据，可选择数据透视图，在"分析"选项卡的"数据"组中单击"刷新"按钮 🗐 下方的 ▾ 按钮，选择"刷新"或"全部刷新"选项。

4. 将图表另存为图片文件

在 Excel 2010 中可将图表另存为图片文件，以便应用到其他场合。在工作簿中打开"另存为"对话框，在"保存类型"列表框中选择"网页（*.htm，*.html）"选项，然后单击 保存⑤ 按钮将图表保存为图片，之后在保存位置打开工作簿生成的文件夹（后缀名为 .files），在其中便可找到图表对应的图片（后缀名为 .png），然后可通过 Windows 照片查看器查看生成的图表图片，如图 7-45 所示。

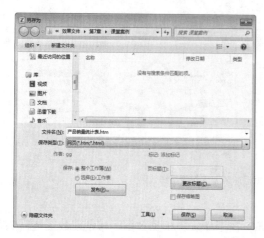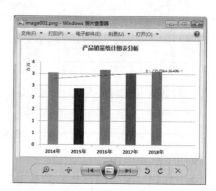

图 7-45　将图表另存为图片文件

5. 使用切片器

切片器是易于使用的筛选组件，它包含一组按钮，使用户能快速地筛选数据透视表中的数据，而不需要通过列表查找要筛选的项目。使用切片器的具体操作如下。

（1）在数据透视表区域选择任意单元格，在数据透视表工具的"选项"选项卡的"排序与筛选"组中单击"插入切片器"按钮 下方的 按钮，在弹出的列表中选择"插入切片器"选项。

（2）在打开的"插入切片器"对话框中单击选中要为其创建切片器的数据透视表字段的复选框，这里只单击选中 销售员复选框，然后单击 确定 按钮，返回工作表中可看到为选中的字段创建的切片器，如图 7-46 所示。

（3）选择切片器，在切片器工具的"选项"选项卡中可设置切片器样式、切片器大小，以及切片器按钮的列数、宽度和高度等，完成后在切片器中单击相应的项目，数据透视表中的数据将显示为相应的数据，如图 7-47 所示。

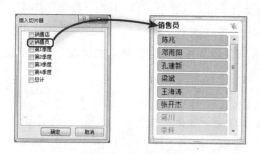

图 7-46　创建切片器

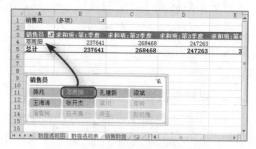

图 7-47　编辑并使用切片器查看数据

CHAPTER 8

第8章

PowerPoint 幻灯片制作与编辑

情景导入

　　米拉完成任务后，正准备好好休息，办公室却哄闹起来，原来公司购买了两台最新款的投影仪，用于内部演示文稿的展示放映，老洪点名米拉负责幻灯片的制作和放映等工作。

学习目标

● 掌握制作保存演示文稿的操作方法

　　掌握新建演示文稿、添加与删除幻灯片、输入并编辑文本、保存和关闭演示文稿等操作。

● 掌握编辑演示文稿的操作方法

　　掌握设置幻灯片中的文本格式、在幻灯片中插入图片、插入SmartArt图形、插入表格与图表和插入媒体文件等操作。

案例展示

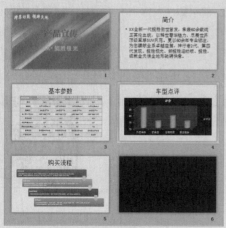

▲ "员工手册"演示文稿效果

▲ "产品代理协议"演示文稿效果

8.1 课堂案例：制作"工作报告"演示文稿

　　新的工作刚安排下来，米拉便和同事讨论起来，投影仪怎样使用，幻灯片怎样制作等。通过与同事的对话，米拉确定了学习的方向，打开计算机，在网上查找相关的学习资料，然后尝试使用 PowerPoint 制作一个简单的"工作报告"演示文稿，由于有软件操作的基础，米拉很快便完成了任务，效果如图 8-1 所示。

 效果所在位置　效果文件 \ 第 8 章 \ 课堂案例 \ 工作报告 .pptx

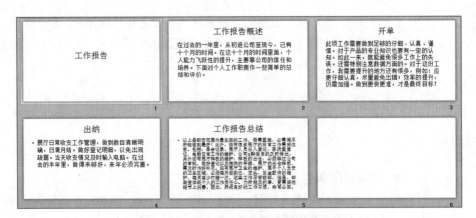

图 8-1　"工作报告"演示文稿最终效果

 为什么用 PPT 制作工作报告

职业素养　　通过学习，我们知道工作报告其实也可以通过 Word 制作实现，而用 PPT 制作工作报告方便进行放映和演示。其优势在于 PPT 通过每张幻灯片单独存放工作报告中的内容，如一张幻灯片存放一个章节或一段文本，一张幻灯片存放图形，其他幻灯片存放表格或图表等其他内容，然后通过投影仪等多媒体展示，达到演讲汇报的目的。

8.1.1　新建演示文稿

　　要制作一个完整的演示文稿，首先需要新建一个演示文稿，然后在其中执行相应的操作。下面首先新建一个空白演示文稿，其具体操作如下。

（1）启动 PowerPoint 2010，单击"文件"选项卡，在弹出的列表中选择"新建"选项。在窗口中间的"可用模板和主题"列表框中选择"空白演示文稿"选项，在右下角单击"创建"按钮 。

（2）系统将新建一个名为"演示文稿 2"的空白文档，如图 8-2 所示。

微课视频

新建演示文稿

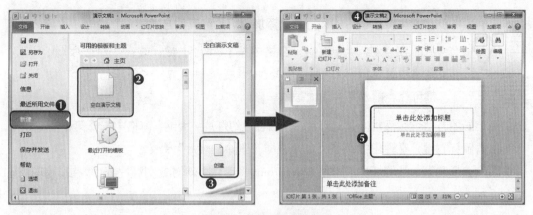

图 8-2 新建空白演示文稿

多学一招

新建模板演示文稿

　　与 Word 或 Execl 一样，在 PowerPoint 中也可根据模板新建具有样式的演示文稿，在"新建"界面的"Office.com"列表框中选择模板文件，单击"创建"按钮□即可创建。

8.1.2　添加与删除幻灯片

　　一个演示文稿往往由多张幻灯片组成，用户可根据实际需要在演示文稿的任意位置新建幻灯片。对于不需要的幻灯片，可以将其删除。下面在新建的空白演示文稿中添加并删除幻灯片，其具体操作如下。

微课视频

添加与删除幻灯片

（1）在"幻灯片 / 大纲"窗格中决定要新建幻灯片的位置，如要在第 1 张幻灯片后面新建幻灯片，则单击第 1 张幻灯片，然后在"开始"选项卡的"幻灯片"组中单击"新建幻灯片"按钮□下方的▼按钮，在弹出的列表中选择"两栏内容"选项。

（2）系统将根据选择的版式添加一张幻灯片，如图 8-3 所示。

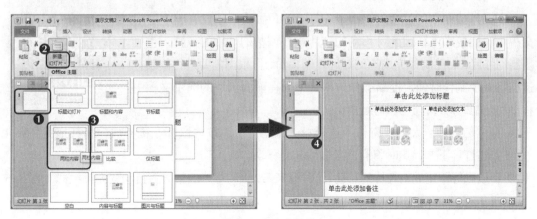

图 8-3　添加幻灯片

新建添加幻灯片的其他方式

在"幻灯片/大纲"窗格中按【Enter】键，或在"幻灯片/大纲"窗格中单击鼠标右键，在弹出的快捷菜单中选择"新建幻灯片"命令，都可在当前幻灯片后面插入一张新幻灯片。

（3）用相同的方法继续添加4张幻灯片，然后在"幻灯片/大纲"窗格中选择第3张幻灯片，单击鼠标右键，在弹出的快捷菜单中选择"删除幻灯片"命令。

（4）删除选择的第3张幻灯片，同时PowerPoint将自动重新对各幻灯片进行编号，如图8-4所示。

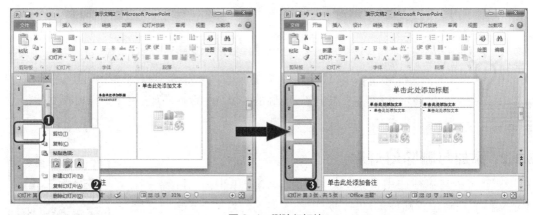

图 8-4　删除幻灯片

选择多张幻灯片或删除幻灯片

在"幻灯片/大纲"窗格中按住【Shift】键可选择多张连续的幻灯片，按住【Ctrl】键可选择多张不连续的幻灯片，在选择幻灯片后，直接按【Delete】键可快速删除幻灯片。

8.1.3　移动与复制幻灯片

在插入或制作幻灯片时，由于幻灯片的位置决定了它在整个演示文稿中的播放顺序，因此可移动幻灯片重新调整幻灯片的位置，也可复制幻灯片，将已制作完成的幻灯片复制多份，再根据需要进行修改，这样将减少制作时间，提高工作效率。下面在前面创建的演示文稿中移动和复制幻灯片，其具体操作如下。

微课视频

移动与复制幻灯片

（1）在"幻灯片/大纲"窗格中选择第2张幻灯片，按住鼠标左键不放，将其拖曳到第4张幻灯片下方，这时将有一条横线随之移动。

（2）释放鼠标即完成幻灯片的移动，这时原来第2张幻灯片的编号将自动变为第4张，如图8-5所示。

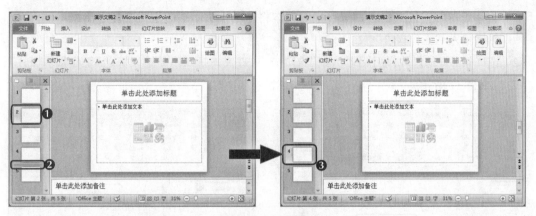

图8-5 移动幻灯片

（3）在"幻灯片/大纲"窗格中选择第3张幻灯片，单击鼠标右键，在弹出的快捷菜单中选择"复制"命令。

（4）将鼠标光标移动到需要粘贴幻灯片的位置，然后在"开始"选项卡的"剪贴板"组中单击"粘贴"按钮，在弹出的列表中选择"保留源格式"选项，完成幻灯片的复制，如图8-6所示。

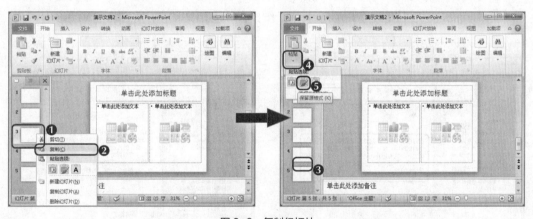

图8-6 复制幻灯片

选择复制幻灯片粘贴的位置

　　选择相应的幻灯片后，在其上单击鼠标右键，在弹出的快捷菜单中选择"复制"命令，可在不同的位置粘贴幻灯片；若选择"复制幻灯片"命令，则直接在所选的幻灯片后粘贴幻灯片。

8.1.4 输入并编辑文本

　　不同演示文稿的主题和表现方式都会有所不同，但无论是哪种类型的演示文稿，都不可能缺少文本内容。下面在前面创建的幻灯片中输入并编辑文本，其具体操作如下。

（1）选择第1张幻灯片，将鼠标光标移动到显示"单击此处添加标题"

输入并编辑文本

的标题占位符处单击，占位符中的文本将自动消失。在占位符中显示出文本插入点，然后输入"工作报告"文本。

（2）选择第2张幻灯片，切换到"大纲"选项卡下，在文本插入点处输入标题"工作报告概述"，如图8-7所示。

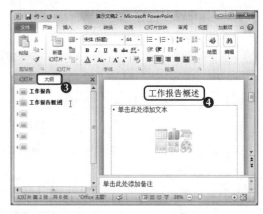

图 8-7　输入标题文本

（3）按【Ctrl+Enter】组合键在该幻灯片中建立下一级标题，在其中输入幻灯片的内容文本。

（4）用相同的方法在其他幻灯片中输入"工作报告"的相关文本，如图8-8所示。

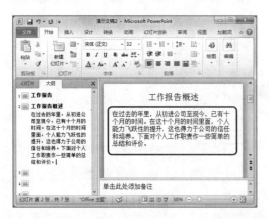
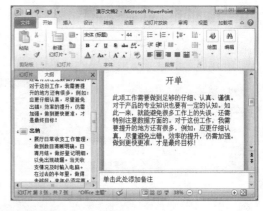

图 8-8　输入相应的文本

通过文本框输入文本

当鼠标光标变为↓或→形状时，在幻灯片空白处单击鼠标可快速绘制文本框，文本框会根据输入文本的多少自动调整大小。

（5）拖曳鼠标选择第2张幻灯片中的"这也得力于"文本，然后输入"主要靠"文本，对选择的文本进行修改，如图8-9所示。

（6）选择第2张幻灯片中标题占位符中的"工作报告概述"文本，按【Ctrl+C】组合键复制文本，然后选择第5张幻灯片，将插入点定位到标题占位符中，按【Ctrl+V】组合键粘贴文本，并将文本中的"概述"文本修改为"总结"，如图 8-10 所示。

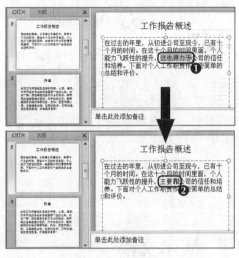

图 8-9　修改选择的文本

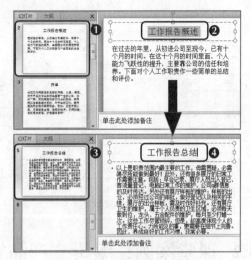

图 8-10　复制粘贴文本

查找与替换文本

在 PowerPoint 的幻灯片中进行复制与替换的操作与在 Word 或 Excel 中查找和替换文本相似，按【Ctrl+F】组合键将打开"查找"对话框，按【Ctrl+H】组合键将打开"替换"对话框，然后进行查找和替换。

8.1.5　保存和关闭演示文稿

微课视频
保存和关闭演示文稿

在创建和编辑演示文稿的同时可对其进行保存，以避免其中的内容丢失。当不需要进行编辑时，可关闭演示文稿。下面将前面创建的演示文稿以"工作报告"为名进行保存，然后关闭，其具体操作如下。

（1）在演示文稿中单击"文件"选项卡，在弹出的列表中选择"保存"选项。

（2）打开"另存为"对话框，选择保存演示文稿的位置，在"文件名"下拉列表框中输入名称"工作报告"，然后单击 保存(S) 按钮保存该演示文稿，如图 8-11 所示。

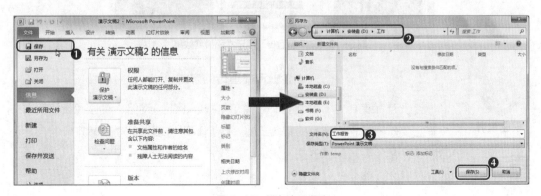

图 8-11　保存演示文稿

（3）单击"文件"选项卡，在弹出的列表中选择"关闭"选项，关闭演示文稿，如图8-12所示。

灵活使用关闭操作

关闭演示文稿的方法还有单击工作界面右上角的 ✕ 按钮，或在工作界面的标题栏上单击鼠标右键，在弹出的快捷菜单中选择"关闭"命令。总之在关闭演示文稿时需要灵活使用。

图 8-12　关闭演示文稿

8.2　课堂案例：编辑"产品宣传"演示文稿

最近公司的产品销量持续走高，为了进一步扩大影响力，公司将进行一系列产品宣传活动，于是老洪安排米拉制作一份"产品宣传"演示文稿，用于公司对新产品进行展示宣传。产品宣传是公司的大事件，所有同事都不敢怠慢，纷纷将搜集到的资料和素材共享给了米拉，在大家的帮助下，米拉如愿完成任务，效果如图8-13所示。

素材所在位置　素材文件＼第8章＼课堂案例＼产品宣传.pptx、背景.jpg、宣传片.mp4

效果所在位置　效果文件＼第8章＼课堂案例＼产品宣传.pptx

图 8-13　"产品宣传"演示文稿最终效果

企业产品宣传的方式

企业产品宣传的方式主要有广播、电视、报纸、网络、讲座和新闻发布会等。要想做好企业产品的宣传工作，一是科学合理地确立产品宣传的指导思想；二是做好与外界的交流沟通，搭建一个畅通的信息互动平台；三是用好宣传载体，整合出一支宣传力量。

8.2.1 设置幻灯片中的文本格式

在幻灯片中输入的文本字体默认为宋体，而幻灯片是一个观赏性较强的文档，因此可设置其文本格式，使其效果更美观，如设置字体、字号、字体颜色和特殊效果。下面在"产品宣传"演示文稿中设置文本的格式，其具体操作如下。

微课视频

设置幻灯片中的文本格式

（1）双击打开"产品宣传"演示文稿，选择第 1 张幻灯片，选择"产品宣传"文本，在"开始"选项卡的"字体"组的"字体"列表框中选择"方正中雅宋简"选项，如图 8-14 所示。

（2）保持选择文本，在"字体"组中的"字号"列表框中选择"60"选项，如图 8-15 所示。

图 8-14 设置字体

图 8-15 设置字号

183

（3）在"字体"组中单击"字体颜色"按钮 **A** 右侧的 按钮，在弹出的列表中选择"红色"选项，如图 8-16 所示，然后单击"加粗"按钮 **B**。

（4）选择"×× 揽胜极光"文本，设置其字体格式为"方正准圆简体、40、橙色"，在"字体"组中单击"加粗"按钮 **B** 和"文字阴影"按钮 **S** 设置加粗和阴影效果，如图 8-17 所示。

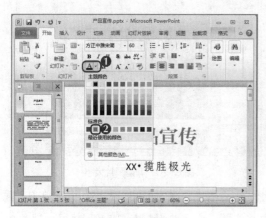

图 8-16 设置字体颜色

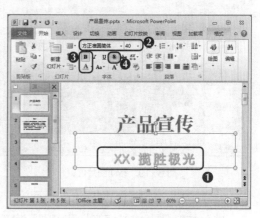

图 8-17 设置字体的加粗和阴影效果

8.2.2 在幻灯片中插入图片

微课视频

在幻灯片中插入图片

为了使幻灯片内容更丰富、直观，通常需要在幻灯片中插入相应的图片。下面在"产品宣传"演示文稿中插入并编辑图片，其具体操作如下。

（1）在演示文稿中选择第 1 张幻灯片，在"插入"选项卡的"图像"组中单击"图片"按钮。

（2）在打开的"插入图片"对话框中选择素材文件夹中的"背景 .jpg"图片，单击[插入(S)]按钮，如图 8-18 所示。

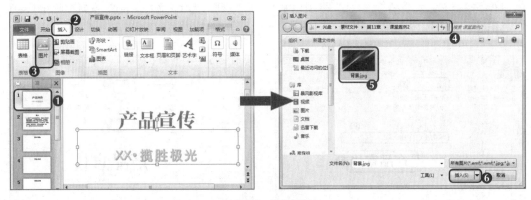

图 8-18 选择图片

（3）将鼠标光标移动到插入的图片上，鼠标光标将变成 ✛ 形状，按住鼠标左键不放，将图片拖曳到幻灯片的左上角位置后释放鼠标，如图 8-19 所示。

（4）插入图片的四周有 8 个控制点，将鼠标光标移动到右下角的控制点上，按住鼠标左键不放向右下角拖曳，调整图片大小，如图 8-20 所示。

图 8-19 移动图片位置

图 8-20 调整图片大小

（5）放大图片，左侧与幻灯片对齐，下方将超出，在"格式"选项卡的"大小"组中单击"裁剪"按钮，将鼠标光标移到图片底部中间位置，向上拖动鼠标裁剪图片，如图 8-21 所示，与幻灯片底部对齐后单击"裁剪"按钮确认裁剪范围。

（6）在"格式"选项卡的"排列"组中单击 下移一层 ▾ 按钮右侧的 ▾ 按钮，在弹出的列表中选择"置于底层"选项，如图 8-22 所示，显示出文本标题内容。

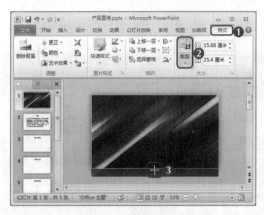
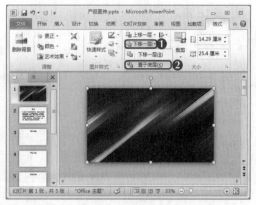

图 8-21　移动图片位置　　　　　　　图 8-22　调整图片大小

（7）保持选择幻灯片中的图片，在"格式"选项卡的"调整"组中单击 颜色 ▾ 按钮，在弹出的列表中选择"水绿色，强调文字颜色 5，浅色"选项，如图 8-23 所示。

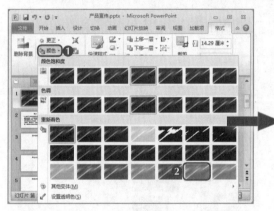
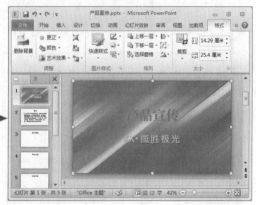

图 8-23　选择图片

重设图片

在"格式"选项卡的"调整"组中单击 按钮，在弹出的列表中选择"重设图片"选项，可取消图片的所有格式设置；选择"重设图片和大小"选项，可取消图片的格式和大小设置。

8.2.3　插入 SmartArt 图形

在幻灯片中可以插入各种形状图形，并通过"格式"选项卡对形状、大小、线条样式、颜色以及填充效果等进行设置。下面在"产品宣传"演示文稿中插入并编辑 SmartArt 图形，其具体操作如下。

（1）选择第 5 张幻灯片，在"插入"选项卡的"插图"组中单击 SmartArt 按钮。

微课视频

插入 SmartArt 图形

（2）在打开的"选择 SmartArt 图形"对话框中单击"流程"选项卡，在中间的列表框中选择"交错流程"选项，然后单击 确定 按钮，如图 8-24 所示。

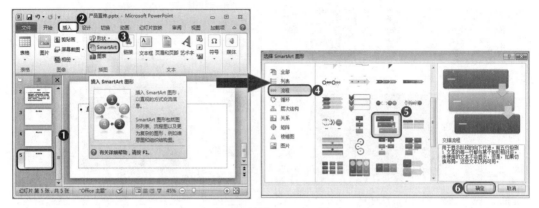

图 8-24　选择 SmartArt 图形

（3）在 SmartArt 图形左侧单击 按钮展开"在此处键入文字"窗格，在第一个文字框中输入"购买流程"文字，按【Enter】键新建文字框，然后单击鼠标右键，在弹出的右键快捷菜单中选择"降级"命令，如图 8-25 所示。

（4）在降级的文字框中输入相应文字，如图 8-26 所示。

图 8-25　降级文字框

图 8-26　输入内容

知识提示

插入形状

　　在一级文字框中按【Enter】键，新建文字框的同时在 SmartArt 图形中自动插入一个形状，降级文字框将取消插入形状。也可在 SmartArt 图形的形状上单击鼠标右键，在弹出的右键快捷菜单中选择"添加形状"命令，在弹出的子菜单中选择"在后面添加形状"或"在前面添加形状"命令，在相应位置添加形状。

（5）使用相同方法，输入其他文字内容，如图 8-27 所示。

（6）选择 SmartArt 图形，在"设计"选项卡的"SmartArt 样式"组中单击"更改颜色"按钮🎨，在弹出的列表中选择"彩色，强调文字颜色"选项，如图 8-28 所示。

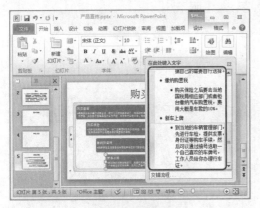

图 8-27　输入其他文本

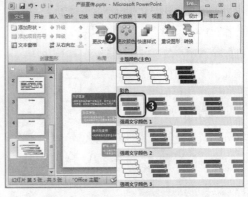

图 8-28　更改 SmartArt 图形颜色

（7）在"SmartArt 样式"组中单击"快速样式"按钮📊，在弹出的列表中选择"中等效果"选项，如图 8-29 所示。

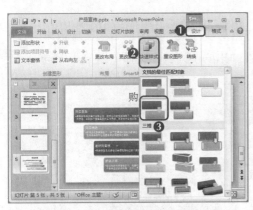

图 8-29　快速设置 SmartArt 图形样式

更改布局

　　选择 SmartArt 图形，在"设计"选项卡的"布局"组的列表框中可重新选择 SmartArt 图形的类型，其布局结构发生改变，但是将保留原来的文字内容和格式设置。

重设 SmartArt 图形

　　如果对 SmartArt 图形的设置不满意，同时要保留 SmartArt 图形的布局，此时可在"设计"选项卡的"重置"组中单击"重设图形"按钮📊，取消图形的全部格式设置。

8.2.4　插入艺术字

　　艺术字同时具有文字和图片的属性，因此在幻灯片中可以插入艺术字让文字更具有艺术效果。下面在"产品宣传"演示文稿中插入并编辑艺术字，其具体操作如下。

微课视频

插入艺术字

（1）在演示文稿中选择第 1 张幻灯片，单击"插入"选项卡，在"文本"组中单击"艺术字"按钮📝艺术字，在弹出的列表中选择"填充 - 白色，投影"选项，如图 8-30 所示。

（2）此时在幻灯片中出现一个"请在此放置您的文字"的文本框,提示输入需要的艺术字文本，这里输入"跨界动能 领辟天地"文本，如图 8-31 所示。

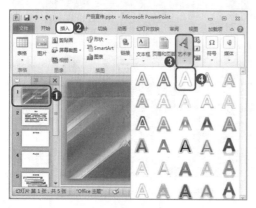
图 8-30　选择艺术字样式

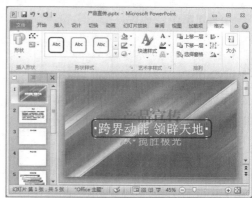
图 8-31　输入艺术字文本

（3）选择艺术字文本框，在"开始"选项卡的"字体"组中设置字体格式为"华康瘦金体W3(P)、28 号"，如图 8-32 所示。

（4）选择艺术字文本框，在"格式"选项卡的"艺术字样式"组中单击"文本效果"按钮 A·，在弹出的列表中选择"转换"选项，在弹出的子列表中选择"倒 V 形"选项，然后将艺术字移到左上角，如图 8-33 所示。

图 8-32　设置字体格式

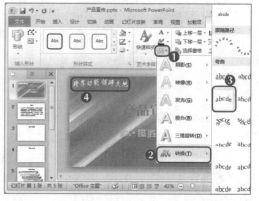
图 8-33　设置艺术字文本效果

8.2.5　插入表格与图表

在幻灯片中还可以插入表格与图表来增强数据的说服力。下面在"产品宣传"演示文稿中插入并编辑表格与图表，其具体操作如下。

微课视频
插入表格与图表

（1）在演示文稿中选择第 3 张幻灯片，在"插入"选项卡的"表格"组中单击"表格"按钮，在弹出的列表中选择"插入表格"选项。在打开的"插入表格"对话框中的"列数"数值框中输入"5"，在"行数"数值框中输入"10"，然后单击 确定 按钮，如图 8-34 所示。

（2）在幻灯片中插入一个默认格式的表格，在表格中输入汽车的基本参数，如图 8-35 所示。

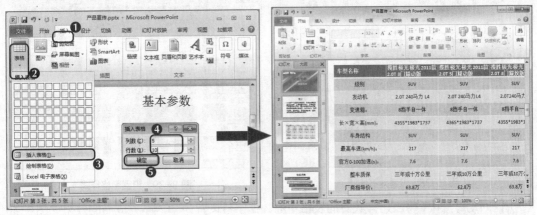

图 8-34　插入表格　　　　　　　　　　图 8-35　输入表格数据

（3）将鼠标光标移到表格右侧边框中间位置处，当鼠标光标变为+形状时，拖动鼠标调整表格大小，如图 8-36 所示。

（4）将鼠标光标移到表格上方，当鼠标变为✥形状时，拖动鼠标将表格移到幻灯片标题文本下方，如图 8-37 所示。

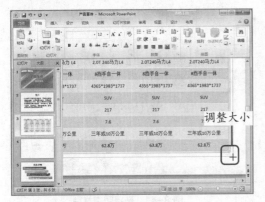

图 8-36　调整表格大小　　　　　　　　图 8-37　移动表格位置

关于表格的编辑

在 PowerPoint 中插入的表格可看作一个整体，其格式与图片类似，可像图片一样调整表格的大小和位置。通过实际操作，可发现在 PowerPoint 中编辑表格的方法与操作与在 Word 中编辑表格相似。

（5）选择除表头外的表格数据，在"布局"选项卡的"对齐方式"组中依次单击"居中"按钮 ≡ 和"垂直居中"按钮 ⊟，如图 8-38 所示。然后将表头数据设置为"垂直居中"。

（6）选择整张表格，单击"设计"选项卡，在"表格样式"组中单击 ⌄ 按钮，在弹出的下拉列表中选择"中度样式 1– 强调 6"选项，如图 8-39 所示。

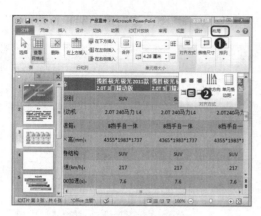

图 8-38　设置对齐方式

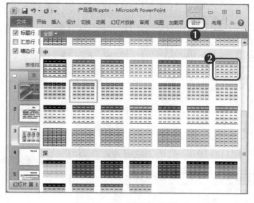

图 8-39　设置表格样式

（7）返回幻灯片中，将应用样式后的表格中的数据字号设置为"12"，完成后的效果如图 8-40 所示。

（8）在演示文稿中选择第 4 张幻灯片，在"插入"选项卡的"插图"组中单击"图表"按钮 📊，在打开的"插入图表"对话框中单击"柱形图"选项卡，在中间的列表框中选择"簇状柱形图"选项，然后单击 确定 按钮，如图 8-41 所示。

图 8-40　表格最终效果

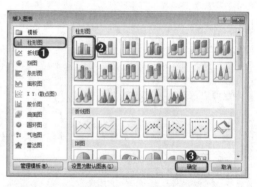

图 8-41　选择图表类型

在幻灯片中插入对象

　　新建的幻灯片，其正文文本框中包含"插入表格""插入图表""插入 SmartArt 图形"和"插入来自文件的图片"等按钮，单击相应按钮即可执行插入操作。

（9）此时将打开 Excel 工作界面，在工作表的 B1 单元格中输入图例"评分"，在 A2:A5 单元格区域中输入图表的"坐标轴"数据，在 B2:B5 单元格中输入评分数据，如图 8-42 所示。

（10）将鼠标光标移到数据源范围单元格的右下角，当鼠标光标变为 形状时，拖动鼠标，将边框线移到 B5 单元格，编辑图表的数据源，完成后关闭 Excel，如图 8-43 所示。

图 8-42 输入图表数据

图 8-43 编辑数据源

（11）返回到 PowerPoint 工作界面中，幻灯片中将根据编辑的数据自动创建一个图表。选择图表，在图表工具"设计"选项卡的"图表样式"组中单击"快速样式"按钮，在弹出的列表框中选择"样式 30"选项，设置图表样式，如图 8-44 所示。

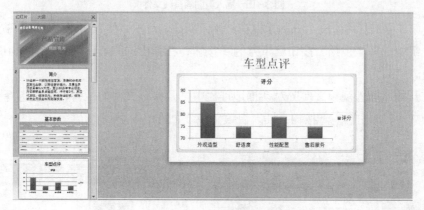
图 8-44 美化图表样式

表格与图表的美化

知识提示　在 PowerPoint 中插入表格与图表后，在其对应的"设计""布局""格式"选项卡中可进行对应设置，对各元素执行编辑与美化，其操作方法与在 Excel 中相同。

8.2.6 插入媒体文件

在某些演示场合下，生动活泼的幻灯片才能更吸引观众。因此在制作幻灯片时，用户可以插入剪辑声音、添加音乐或为幻灯片录制配音等，使幻灯片声情并茂。下面在"产品宣传"演示文稿中插入剪辑画音频和汽车宣传片视频，其具体操作如下。

微课视频

插入媒体文件

（1）选择第 1 张幻灯片，单击"插入"选项卡，在"媒体"组中单击"音频"按钮下方的按钮，在弹出的列表中选择"剪贴画音频"选项。

（2）在打开的"剪贴画"任务窗格下方的声音文件列表框中单击需要插入的声音选项，这里选择"Telephone ，电话"选项，如图 8-45 所示。此时幻灯片中将显示一个声音图标 🔊，同时打开提示播放的控制条，单击"播放"按钮 ▶ 即可试听插入的声音。

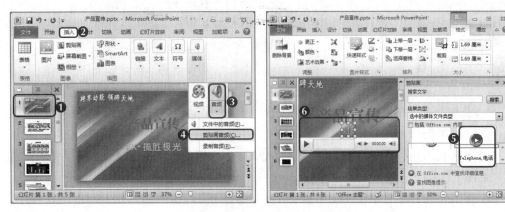

图 8-45　插入剪贴画音频文件

（3）选择第 5 张幻灯片，按【Enter】键在其下方新建幻灯片，然后在"插入"选项卡的"媒体"组中单击"视频"按钮 🎬 下方的 ▾ 按钮，在弹出的列表中选择"文件中的视频"选项。

（4）在打开的"插入视频文件"对话框地址栏中打开保存文件的位置，然后选择要插入的视频文件，单击 [插入(S)▾] 按钮，插入视频文件，如图 8-46 所示。

图 8-46　插入计算机中的视频文件

（5）在幻灯片中插入视频文件，然后调整视频文件图标的大小和位置，单击提示播放的控制条中的 ▶ 按钮即可预览插入的视频，如图 8-47 所示。

视频文件的插入与图标的编辑

知识提示

　　插入视频文件的格式包括常见的 .mp4、.mov 等，同时 PowerPoint 提示在幻灯片中插入需要安装新版本的 quicktime 播放插件。视频文件的图标可视作图片格式，可像图片一样进行大小、位置和格式等设置。

图 8-47　编辑文件图标并预览视频

8.3　项目实训

本章通过制作"工作报告"、编辑"产品宣传"演示文稿两个课堂案例，讲解了 PowerPoint 幻灯片制作与编辑的相关知识，其中添加与删除幻灯片、在幻灯片中输入并编辑文本、在幻灯片中插入图片、插入 SmartArt 图形、插入表格与图表等，是日常办公中经常使用的知识点，应重点学习和把握。下面通过两个项目实训，灵活运用本章学习的知识。

8.3.1　制作"入职培训"演示文稿

1．实训目标

本实训的目标是制作"入职培训"演示文稿，制作这类演示文稿时，应该以最简单的图形和语言对内容进行讲解。本例已提供了模板样式，制作时只需打开素材文件，添加文本、图片和图形并进行编辑即可，完成后的效果如图 8-48 所示。

微课视频

制作"入职培训"
演示文稿

 素材所在位置　素材文件\第 8 章\项目实训\入职培训 .pptx
效果所在位置　效果文件\第 8 章\项目实训\入职培训 .pptx

图 8-48　"入职培训"最终效果

2. 专业背景

入职培训主要用于对公司新进职员的工作态度、思想修养等进行培训，以端正员工的工作思想和工作态度，不同的公司，对员工培训的重点和内容也有所不同，其目的也会有所区别。对员工进行有目的、有计划的培养和训练，可以使员工更新专业知识、端正工作态度。

3. 操作思路

完成本实训需要在演示文稿中新建幻灯片，然后在各个幻灯片中输入并设置文本格式，插入图片、图形等对象，其操作思路如图 8-49 所示。

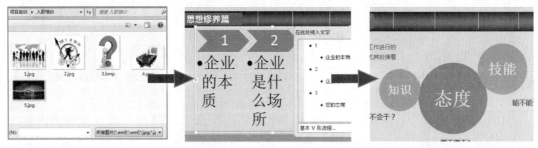

① 插入图片　　　　② 插入 SmartArt 图形并输入内容　　　　③ 绘制图形并设置样式

图 8-49　"入职培训"演示文稿的制作思路

【步骤提示】

（1）打开"入职培训"演示文稿，新建一张幻灯片，删除标题占位符，在内容占位符中输入相应的文本，并对其字体格式进行设置，然后插入"1.jpg"图片。

（2）新建幻灯片，删除占位符，插入"基本 V 型流程"SmartArt 图形，单击"设计"选项卡，选择"创建图形"组，单击"文本窗格"按钮，打开文本窗格，按【Tab】键可降低项目符号的级别，在其中输入相应的文本，然后编辑图形颜色和样式。

（3）使用新建第一张幻灯片的方法新建第 4 张、第 5 张和第 6 张幻灯片，输入文本，设置字体格式，分别插入"5.jpg""3.bmp""2.jpg"图片并设置样式。

（4）新建第 7 张幻灯片，在其中输入相应的文本，然后绘制一个正圆形状，取消轮廓，设置填充色，然后复制两个正圆，调整位置，设置填充颜色。

（5）新建第 8 张幻灯片，输入文本，插入"4.png"图片。然后复制首页幻灯片修改文本。

8.3.2　编辑"市场调研报告"演示文稿

1. 实训目标

本实训的目标是编辑"市场调研报告"演示文稿，尽量使用表格、图表来表达数据。本例主要练习图形、表格和图表的插入与编辑方法。本实训的最终效果如图 8-50 所示。

微课视频

编辑"市场调研报告"演示文稿

素材所在位置　素材文件 \ 第 8 章 \ 项目实训 \ 市场调研报告 .pptx

效果所在位置　效果文件 \ 第 8 章 \ 项目实训 \ 市场调研报告 .pptx

图 8-50 "市场调研报告"演示文稿最终效果

2. 专业背景

报告可以分为书面报告和口头报告。在许多情况下，除了向客户或上级提供书面报告外，还要作一场口头汇报，而演示文稿是口头汇报的必备利器，特别是目前随着计算机信息技术的迅速发展和投影器材的普及，PowerPoint 在制作报告类型演示文稿的过程中更是扮演着不可替代的角色。市场调研是市场调查与市场研究的统称，是个人或组织根据特定的决策问题而系统地设计、搜集、记录、整理、分析及研究市场各类信息资料、报告调研结果的工作过程，主要由市场调研人员所制作。

3. 操作思路

本实训的操作过程非常简单。依次在各张幻灯片中插入图形、形状、图表，并分别对插入的对象进行编辑美化操作即可。

【步骤提示】

（1）打开"市场调研报告"演示文稿，选择第 2 张幻灯片，在其中插入"网格矩阵"SmartArt图形，然后输入文字并设置颜色和样式。

（2）选择第 4 张幻灯片，在上方插入六边形，设置填充颜色，然后使用文本框输入文字。

（3）选择第 7 张幻灯片，插入柱形图并编辑样式。

（4）选择第 8 张幻灯片，插入饼图并编辑样式。

8.4 课后练习

本章主要介绍了 PowerPoint 幻灯片制作与编辑方法，下面通过两个习题的制作，使读者对各知识的应用方法及操作更加熟悉。

练习 1：制作"旅游宣传画册"演示文稿

下面将打开"旅游宣传画册"演示文稿，制作旅游宣传册需注意的是使用的风景图片最好是真实拍摄的，并且保证图片的美观性。在其中插入风景图片，并使用文本框输入风景描述内容，完成后的效果如图 8-51 所示。

素材所在位置 素材文件\第8章\课后练习\旅游宣传画册.pptx、风景图片
效果所在位置 效果文件\第8章\课后练习\旅游宣传画册.pptx

图 8-51 "旅游宣传画册"演示文稿最终效果

操作要求如下。
- 打开"旅游宣传画册"演示文稿，新建 8 张幻灯片。
- 在幻灯片中插入风景图片，并对图片进行编辑。
- 在幻灯片中插入文本框，输入风景图片的描述内容，并编辑其字体格式。

练习 2：编辑"公司形象宣传"演示文稿

下面将打开"公司形象宣传"演示文稿，在其中绘制形状，编辑图片边框，参考效果如图 8-52 所示。"公司形象宣传"涉及公司形象展示，要真实可靠，切忌使用虚假夸大的信息。

素材所在位置 素材文件\第8章\课后练习\公司形象宣传.pptx
效果所在位置 效果文件\第8章\课后练习\公司形象宣传.pptx

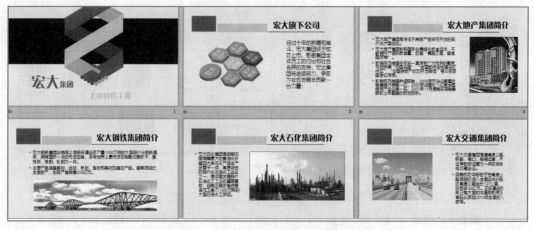

图 8-52 "公司形象宣传"演示文稿最终效果

操作要求如下。

- 打开"公司形象宣传"演示文稿，选择第 2 张幻灯片，在其中绘制一个等边六边形，在形状上单击鼠标右键，在弹出的快捷菜单中选择"设置形状格式"命令，打开"设置形状格式"对话框，将"三维格式"的"顶端"设置为"角度"。在其后的"宽度"和"高度"数值框中输入"3 磅"。
- 将"底端"设置为"角度"选项，在"宽度"和"高度"数值框中输入"3 磅"，在"深度"数值框中输入"10 磅"。将"材料"设置为"亚光效果"，在"照明"栏的"角度"数值框中输入"15°"。
- 选择"三维旋转"选项卡，在其中的"X 旋转""Y 旋转""Z 旋转"数值框中分别输入"319.8°""335.4°""14.9°"
- 复制 6 个相同的六边形形状，然后将第 1 个六边形更改为"椭圆"形状。再分别填充形状的颜色，并输入相应文本内容。
- 分别为每张幻灯片中的图片添加边框颜色。然后在最后一张幻灯片中绘制矩形形状，填充颜色后，在形状上方绘制文本框并输入"联系方式"文字内容。

8.5 技巧提升

1. 插入相册

PowerPoint提供了插入相册功能,利用它可以一次把所有照片插入到幻灯片中,制作成一本电子相册,完成后再对其进行编辑。插入电子相册的具体操作如下。

（1）在 PowerPoint 中单击"插入"选项卡，在"图像"组中单击"相册"按钮右侧的 ▼ 按钮，在弹出的列表中选择"新建相册"选项，如图 8-53 所示。

（2）在打开的"相册"对话框中单击 文件/磁盘(F)... 按钮，打开"插入新图片"对话框，在左上角的列表框中选择相片保存路径，然后选择需要插入的相片，并单击 插入(S) ▼ 按钮，如图 8-54 所示。

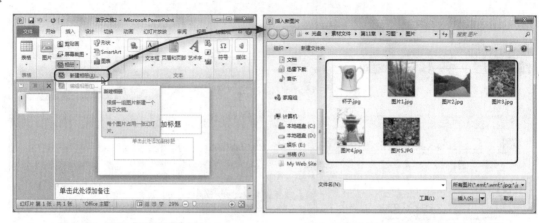

图 8-53　选择"新建相册"选项　　　　　　图 8-54　选择相片保存路径和所需的相片

（3）返回到"相册"对话框，在"相册中的图片"列表框中选择相应的图片，单击预览图下方的相应按钮可以调整图片顺序或图片亮度，在"相册版式"栏中可以设置每张幻灯片放置的图片数量以及相框样式，这里保持默认设置，然后单击 创建(C) 按钮，如图 8-55 所示。

（4）此时将新建一个电子相册演示文稿，如图 8-56 所示，根据需要还可在各个幻灯片中添加其他对象内容。

图 8-55　确认相册的相关设置

图 8-56　创建电子相册演示文稿

2. 从外部导入文本

在 PowerPoint 中可直接将文本文档导入到幻灯片中，其方法是：单击"插入"选项卡，选择"文本"，单击"对象"按钮 ，在打开的"插入对象"对话框中进行设置后单击选中 由文件创建(F) 单选项，再单击 浏览(B)... 按钮，如图 8-57 所示。在打开的"浏览"对话框中选择需要导入的文件后单击 确定 按钮。返回"插入对象"对话框，单击 确定 按钮。

图 8-57　从外部导入文本

CHAPTER 9

第9章
幻灯片设置与放映输出

情景导入

公司第一季度的任务取得圆满成功，办公室大家相互祝贺，气氛热烈。米拉只能和大家寒暄几句，因为她手上的任务还有不少。

学习目标

- 掌握设置幻灯片的操作方法

  掌握设置幻灯片页面大小、使用模板编辑幻灯片、添加幻灯片的切换效果、设置幻灯片对象的动画效果等操作。

- 掌握放映输出幻灯片的操作方法

  掌握放映的计时排练和录制旁白、设置放映类型、放映幻灯片、添加注释、输出为图片和视频等操作。

案例展示

▲ "工作计划"演示文稿效果

▲ "新品上市发布"演示文稿放映效果

9.1　课堂案例：设置"工作计划"演示文稿

米拉与同事寒暄后，回到办公桌，工作备忘录上分明提示着第二季度的工作安排，周末需要放映演讲。素材已经准备好，如何完美地展示？米拉苦苦思索，经过反复调整和修改，终于完成演示文稿的设置，最终效果如图 9-1 所示。

素材所在位置　素材文件 \ 第 9 章 \ 课堂案例 \ 工作计划 .docx、标题页 .jpg
效果所在位置　效果文件 \ 第 9 章 \ 课堂案例 \ 工作计划 .docx

图 9-1　"工作计划"演示文稿最终效果

"工作计划"的制作思路

职业素养

工作计划是对一定时期的工作预先作出安排，常用于机关、团体和企事业单位的各级机关。工作计划一般都是用 Word 或 PowerPoint 软件进行制作，相对于 Word 来说，PowerPoint 制作出来的工作计划层次结构更清晰。"工作计划"演示文稿需要展示出来，为了让其具有吸引力，一般可以为幻灯片中的对象设置动画，让幻灯片动起来，从而保证幻灯片阅读和放映起来不显得枯燥。

9.1.1　设置页面大小

设置页面大小是指设置幻灯片的页面大小，默认状态下 PowerPoint 2010 幻灯片的页面大小为"全屏显示 (4:3)"，而现今制作的演示文稿页面一般为"全屏显示 (16:9)"，这样看起来更美观和大气。下面将打开"工作计划"演示文稿，将其幻灯片页面大小定义为"全

微课视频

设置页面大小

屏显示 (16:9)", 其具体操作如下。

（1）打开"工作计划 .pptx"演示文稿，单击"设计"选项卡，在"页面设置"组中单击"页面设置"按钮▣，打开"页面设置"对话框，在"幻灯片大小"列表框中选择"全屏显示 (16:9)"选项，单击　确定　按钮，如图 9-2 所示。

（2）返回幻灯片，可查看到其页面大小发生改变，此时，因为页面大小的改变，幻灯片中的内容位置等略微有变化，应适当进行调整，如图 9-3 所示。

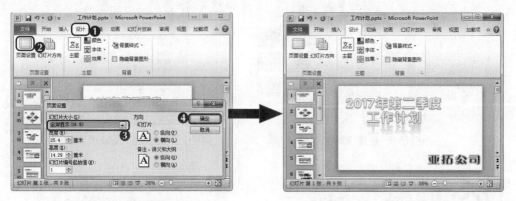

图 9-2　设置页面大小　　　　　　　　图 9-3　查看页面设置效果

9.1.2　使用母版编辑幻灯片

幻灯片母版是最常用的母版，通常用来制作具有统一标志、背景、占位符格式、各级标题文本的格式等。制作幻灯片母版实际上就是在母版视图下设置占位符格式、项目符号、背景、页眉/页脚，并将其应用到幻灯片中。下面在"工作计划"演示文稿中设计幻灯片的母版，其具体操作如下。

微课视频

使用母版编辑幻灯片

（1）单击"视图"选项卡，在"母版视图"组中单击 ▣ 幻灯片母版 按钮，如图 9-4 所示。

（2）进入幻灯片母版状态，选择第 1 张幻灯片中选择标题占位符，单击"开始"选项卡，在"字体"组中将字体格式设置为"华康俪金黑 W8(P)、36"，如图 9-5 所示。

图 9-4　进入幻灯片母版　　　　　　　图 9-5　设置标题占位符格式

（3）保持第 1 张幻灯片的选择状态，单击"幻灯片母版"选项卡，在"背景"组中单击按钮，在弹出的列表中选择"设置背景格式"选项，如图 9-6 所示。

（4）打开"设置背景格式"对话框，单击"填充"选项卡，单击选中 ◉ 图片或纹理填充(P) 单选项，
单击 文件(F)... 按钮，如图 9-7 所示。

图 9-6　设置背景格式

图 9-7　选择图片或纹理填充背景

知识提示	设置主题

　　在"编辑主题"组中单击"主题"按钮📷，在弹出的列表中可选择
主题样式，主题是幻灯片标题格式和背景样式的集合。在普通视图下，
单击"设置"选项卡，在"主题"组中也可设置主题样式。

（5）打开"插入图片"对话框，在地址栏中打开保存位置，然后选择"内容页 .jpg"图片文
件，单击 插入(S) ▾ 按钮，如图 9-8 所示。

（6）返回"设置背景格式"对话框，在"透明度"数值框中将透明度设置为"50%"，单击
全部应用(L) 按钮，为幻灯片内容页设置背景图片，效果如图 9-9 所示。

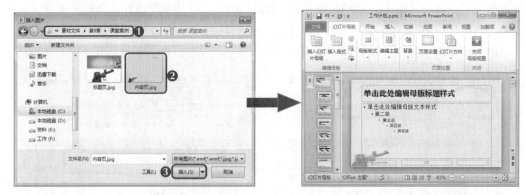

图 9-8　选择背景图片　　　　　　　　　　图 9-9　修改背景透明度

（7）选择第 2 张幻灯片，使用相同方法，插入"标题页 .jpg"图片文件，将透明度设置为"0%"，
为幻灯片标题页设置背景，如图 9-10 所示。

（8）在"关闭"组中单击"关闭幻灯片母版"按钮❌，返回普通视图，可查看到幻灯片的首
页应用了"标题页 .jpg"背景图片，其他页面应用了"内容页 .jpg"背景图片，设置的

字体样式被应用到每张幻灯片的标题中，如图 9-11 所示。

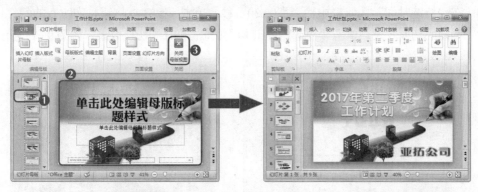

图 9-10　为标题页设置背景　　　　图 9-11　查看母版编辑幻灯片的效果

输入页脚

进入幻灯片母版视图后，在下方可以查看到几个文本框，用于输入页脚内容，在普通视图中添加页面，单击"插入"选项卡，在"文本"组中单击"页眉和页脚"按钮，在打开的对话框中进行设置即可。

9.1.3　添加幻灯片切换动画

幻灯片切换方案是 PowerPoint 为幻灯片从一张切换到另一张时提供的动态视觉显示方式，使得幻灯片在放映时更加生动。下面在"工作计划"演示文稿中设置幻灯片的切换动画，其具体操作如下。

（1）在演示文稿中选择第 1 张幻灯片，在"切换"选项卡的"切换到此幻灯片"组中单击"切换方案"按钮，在弹出的列表中选择"细微型"栏中的"形状"选项，如图 9-12 所示。

（2）在"切换到此幻灯片"组中单击"效果选项"按钮，在弹出的列表中选择"增强"选项，为幻灯片设置切换的效果，如图 9-13 所示。

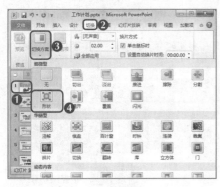

图 9-12　选择切换选项　　　　　　图 9-13　设置切换效果的方式

（3）在"计时"组中的"声音"列表框中选择"风铃"选项，为幻灯片设置切换时的声音，

第 9 章　幻灯片设置与放映输出

203

如图 9-14 所示。

（4）在"持续时间"数值框中输入"02.30"秒，单击 ⚃全部应用 按钮，为所有的幻灯片应用相同的切换效果，单击"预览"按钮🖳可预览放映时的切换效果，如图 9-15 所示。

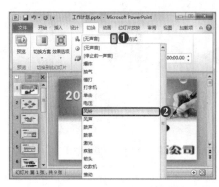
图 9-14　设置切换效果的声音

图 9-15　设置切换时间并预览

9.1.4　设置对象动画效果

为了使演示文稿中某些需要强调或关键的对象，如文字或图片，在放映过程中能生动地展示在观众面前，可以为这些对象添加合适的动画效果，使幻灯片内容更加生动、活泼。下面主要介绍设置幻灯片中对象的动画效果以及编辑动画的操作。

1. 添加动画效果

为了使演示文稿更加生动，用户可为幻灯片中不同的对象设置不同的动画，使幻灯片中的对象以不同方式出现在幻灯片中。为了使操作简便，PowerPoint 中提供了丰富的内置动画样式，用户可以根据需要进行添加。下面在"工作计划"演示文稿中通过"动画"组和动画对话框为幻灯片中的标题添加动画效果，其具体操作步骤如下。

（1）选择第 1 张幻灯片的标题文本框中，在"动画"选项卡的"动画"组中单击"动画"按钮👔，在弹出的列表中选择"进入"栏中的"轮子"选项，如图 9-16 所示。

（2）选择动画的同时将播放标题的动画效果，或单击"预览"组中的"预览"按钮⭐，预览动画效果，如图 9-17 所示。

图 9-16　设置标题动画

图 9-17　预览动画效果

（3）选择副标题文本框，在"动画"选项卡的"动画"组中单击"动画"按钮，在弹出的列表中选择"更多退出效果"选项，打开"更多退出效果"对话框，选择"随机线条"选项，单击 确定 按钮，如图9-18所示。

（4）添加动画后，在"开始"列表框中选择"上一动画之后"选项，设置动画顺序，在"持续时间"数值框中输入"01:00"，将动画持续时间设置为"1秒"，设置动画后的对象其左上角将显示编号，如图9-19所示。然后按照相同方法为其他幻灯片中的对象设置动画效果。

图9-18　选择退出动画效果

图9-19　设置播放顺序和持续时间

各种动画类型的释义

　　PowerPoint中提供了"进入""强调""退出"和"动作路径"4种类型的动画。进入动画和退出动画对象最初并不在幻灯片编辑区中，而是从其他位置，通过其他方式进入幻灯片；强调动画在放映过程中不是从无到有的，而是一开始就存在于幻灯片中，放映时，对象颜色和形状会发生变化；动作路径动画放映时，对象将沿着指定的路径进入幻灯片编辑区相应的位置，这类动画比较灵活，能够实现画面的千变万化。

2. 更改动画效果选项与播放顺序

　　为对象添加动画效果，其动画效果选项是默认的，用户可自行更改，如更改进入方向等，而播放顺序是按照设置动画的先后顺序进行播放的，用户完成动画的设置后，同样可对先前的动画播放顺序进行更改。下面在"工作计划"演示文稿中更改动画效果选项与播放顺序，其具体操作如下。

微课视频

更改动画效果选项与
播放顺序

（1）选择第2张幻灯片中的标题文本框，在"动画"组中单击"效果选项"按钮，在弹出的列表中选择"自左侧"选项，更改标题"飞入"动画的进入方向，如图9-20所示。

（2）在"高级动画"组中单击 动画窗格 按钮，打开"动画窗格"窗格，将鼠标光标移到标题对应的动画选项上，按住鼠标左键不放，向上拖动鼠标，将标题动画移到图形组合的上方，如图 9-21 所示。

图 9-20　更改动画选项

图 9-21　移动动画顺序

（3）返回幻灯片中，可看到对象的动画编号发生变化，此时标题文本框显示为"1"，组合图形的编号显示为"2"，如图 9-22 所示。

图 9-22　调整动画顺序后的效果

添加多个动画

在【动画】/【高级动画】组中单击"添加动画"按钮★，在弹出的列表中也可进行动画样式的选择，可为同一对象同时应用多个动画，其选项与"动画样式"列表框中的选项相同。

动画的更多编辑操作

在动画窗格的动画选项上单击鼠标右键，在弹出的右键快捷菜单中选择"效果选项"或"计时"命令，在打开的动画对话框中同样可设置效果选项和动画顺序、持续时间和延迟时间等。

9.2　课堂案例：放映输出"新品上市发布"演示文稿

　　在老洪的提示和鼓励下，米拉完成了工作计划的设置工作，接下来就需要对"新品上市发布"演示文稿进行放映设置，并且可以将演示文稿输出为图片、视频等类型，方便观看者通过不同方式浏览新品上市的相关信息。老洪只是作了简单的提示，放映幻灯片需要在"幻灯片放映"选项卡中进行设置，米拉便开始对演示文稿进行放映设置和幻灯片输出等操作，演示文稿的放映和输出视频效果如图 9-23 所示。

素材所在位置 素材文件 \ 第 9 章 \ 课堂案例 \2017 年亿联手机发布 .pptx
效果所在位置 效果文件 \ 第 9 章 \ 课堂案例 \ 新品上市发布

图 9-23 "新品上市发布"演示文稿最终效果

职业素养

"新品上市发布"的制作要求

　　新品上市发布是指公司或企业新产品即将面世,从而在发布会上向参会者进行展示。"新品上市发布"演示文稿是公开展示,因此在制作时,介绍产品部分需要提炼出其精华内容,通常包括产品质量、产品组成、产品新功能和产品特点等。既然要对演示文稿的内容进行展示,就需要掌握演示文稿的放映知识,学会控制放映,以便与参会者形成互动。

9.2.1 放映幻灯片

　　制作完演示文稿的最终目的是放映给观众看,但制作好演示文稿后,并不是立即就放映给观众,还需做一些放映准备,因为不同的放映场合,对演示文稿的放映要求会有所不同,因此,在放映之前,还需要对演示文稿进行一些放映设置,使其更适应放映的场合,如设置排练计时、录制旁白和设置放映方式等,下面将介绍幻灯片放映及其设置的相关知识。

1. 设置排练计时

　　排练计时是指将放映每张幻灯片的时间进行记录,然后放映演示文稿时,就可按排练的时间和顺序进行放映,从而实现演示文稿的自动放映,演讲者则可专心进行演讲而不用再去控制幻灯片的切换等操作了。下面在"2017 年亿联手机发布 .pptx"演示文稿中设置排练计时,其具体操作如下。

微课视频
设置排练计时

　　(1)单击"幻灯片放映"选项卡,在"设置"组单击 排练计时按钮,进入放映排练状态。
　　(2)进入放映排练状态后,将打开"录制"工具栏并自动为该幻灯片计时,如图 9-24 所示。

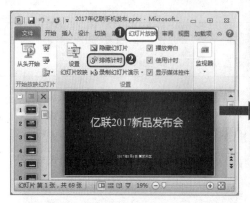

图 9-24　排练计时

（3）该张幻灯片播放完成后，在"录制"工具栏中单击"下一项"按钮 ➡ 或直接单击鼠标左键切换到下一张幻灯片，"录制"工具栏中的时间又将从头开始为该张幻灯片的放映进行计时，如图 9-25 所示。

（4）使用相同方法录制其他幻灯片的计时，所有幻灯片放映结束后，屏幕上将打开提示对话框，询问是否保留幻灯片的排练时间，单击 是(Y) 按钮进行保存，如图 9-26 所示。

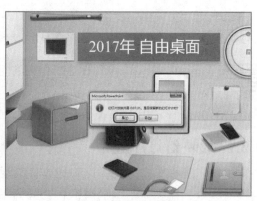

图 9-25　继续录制计时　　　　　　　　　　　　图 9-26　保存录制计时

计时的控制

在"录制"工具栏中单击"暂停"按钮 ⅱ 将暂停计时；单击"重复"按钮 ↺ 可重新进行计时。在计时过程中按【Esc】键可退出计时。

2.　录制旁白

在放映演示文稿时，可以通过录制旁白的方法事先录制好演说词，这样播放时会自动播放。需注意的是：在录制旁白前，需要保证计算机中已安装了声卡和麦克风，且两者处于工作状态，否则将不能进行录制或录制的旁白无声音。下面在"2017 年亿联手机发布"演示文稿

微课视频

录制旁白

中录制旁白，介绍手机产品的尺寸和重量，其具体操作如下。

（1）单击"幻灯片放映"选项卡，在【设置】组中单击 录制幻灯片演示 按钮右侧的 按钮，在弹出的列表中选择"从当前幻灯片开始录制"选项。

（2）在打开的"录制幻灯片演示"对话框中撤销选中 幻灯片和动画计时(T) 复选框，单击 开始录制(R) 按钮。

（3）此时进入幻灯片录制状态，打开"录制"工具栏并开始对录制旁白进行计时，此时录入准备好的演说词，如图 9-27 所示。录制完成后按【Esc】键退出幻灯片录制状态，返回幻灯片普通视图，此时录制旁白的幻灯片中将会出现声音文件图标，通过控制栏可试听旁白语音效果。

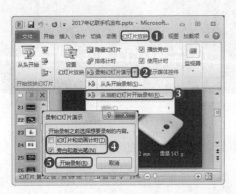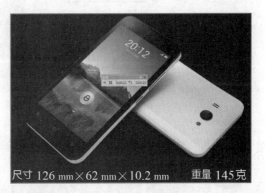

图 9-27　录制旁白

放映时不播放录制与清除录制内容

如果放映幻灯片时，不需要使用录制的排练计时和旁白，可单击"幻灯片放映"选项卡，在"设置"组中撤销选中 播放旁白 和 使用计时 复选框，但这样不会将录制的旁白和计时删除。若想将录制的计时和旁白从幻灯片中彻底删除，可以单击 录制幻灯片演示 按钮右侧的下拉按钮，在弹出的列表中选择"清除"选项，在弹出的子列表中选择相应的选项即可。

3. 设置放映方式

放映的目的和场合不同，演示文稿的放映方式也会有所不同。设置放映方式包括设置幻灯片的放映类型、放映选项、放映范围以及换片方式和性能等，这些都是通过"设置放映方式"对话框进行设置的。下面在"2017 年亿联手机发布 .pptx"演示文稿中设置放映方式，其具体操作如下。

微课视频

设置放映方式

（1）在"幻灯片放映"选项卡的"设置"组中单击"设置幻灯片放映"按钮，打开"设置放映方式"对话框，在"放映类型"栏中根据需要选择不同的放映类型，这里单击选中 演讲者放映(全屏幕)(P) 单选项，在"放映选项"栏中设置放映时的一些操作，如放映时不播放动画等，这里单击选中 循环放映，按 ESC 键终止(L) 复选框；在"放映幻灯片"栏中可设置幻灯片放映的范围，这里单击选中 从(F): 单选项，在文本框中输入"9"到"69"；在"换片方式"栏中设置幻灯片放映时的切换方式，这里单击选中 ⊙ 如果存在排练时间，则使用它(U) 单选项，单击 确定 按钮。

（2）此时演示文稿将以"演讲者放映（全屏幕）"的形式进行放映，如图 9-28 所示。

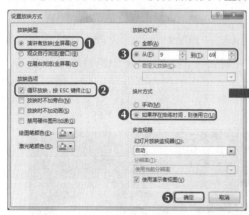

图 9-28　设置放映方式

"演讲者放映（全屏幕）"放映方式的适用场合

"演讲者放映（全屏幕）"放映方式是最常用的放映方式，通常用于演讲者指导演示的场合。该方式下演讲者具有对放映的完全控制，并可用自动或人工方式运行幻灯片放映；演讲者可以暂停幻灯片放映，以添加会议细节或即席反应；还可以在放映过程中录下旁白。也可以使用此方式，将幻灯片放映投射到大屏幕上。

4．放映演示文稿

按照设置的效果进行顺序放映，被称为一般放映。它是演示文稿最常用的放映方式，PowerPoint 2010 中提供了从头开始放映和从当前幻灯片开始放映两种方式。

● 在"幻灯片放映"选项卡的"开始放映幻灯片"组中单击"从头开始"按钮，或直接按【F5】键，从演示文稿的开始位置开始放映。

● 在"幻灯片放映"选项卡的"开始放映幻灯片"组中单击"从当前幻灯片开始"按钮，或直接按【Shift+F5】组合键，从演示文稿的当前幻灯片开始放映。

5．定位幻灯片

默认状态下，演示文稿是以幻灯片顺序进行放映，实际放映中演讲者通常会使用快速定位功能实现幻灯片的定位，这种方式可以实现任意幻灯片之间的切换，如从第 1 张幻灯片定位到第 5 张幻灯片等。下面在"2017 年亿联手机发布"工作簿快速定位幻灯片，其具体操作如下。

微课视频

定位幻灯片

（1）放映演示文稿，在幻灯片中单击鼠标右键，在弹出的快捷菜单中选择"下一页"命令可切换到下一张幻灯片，这里选择"定位至幻灯片"命令。

（2）在弹出的子菜单命令中提供了 60 张幻灯片对应的命令，这里选择"59 幻灯片"命令，快速定位到第 59 张幻灯片，如图 9-29 所示。如选择"所有幻灯片"命令，在打开的对话框显示所有幻灯片选项，可定位到超出"60"张幻灯片的页面，如图 9-29 所示。

图 9-29　定位幻灯片

通过键盘或鼠标控制放映

在放映幻灯片的过程中，按键盘上的数字键输入需定位的幻灯片编号，再按【Enter】键，可快速切换到该张幻灯片；或按键盘的空格键切换到下一页，通过滚动鼠标滚轮移动到上下页。

211

6. 添加注释

在"新产品上市发布"演示文稿放映的过程中，演讲者若想突出幻灯片中的某些重要内容，着重进行讲解，可以通过在屏幕上添加下划线和圆圈等注释方式来勾勒出重点。下面放映"2017 年亿联手机发布"演示文稿，并为第 37 张和第 62 张幻灯片添加注释内容，其具体操作如下。

微课视频

添加注释

（1）放映演示文稿，在第 37 张幻灯片中单击鼠标右键，在弹出的快捷菜单中选择"指针选项"命令，在弹出的子菜单中选择"笔"命令，如图 9-30 所示。

（2）再在该幻灯片上单击鼠标右键，在弹出的快捷菜单中选择"指针选项"命令，在弹出的子菜单中选择"墨迹颜色"命令，在子菜单中选择笔触的颜色，这里选择"蓝色"命令，如图 9-31 所示。

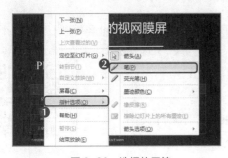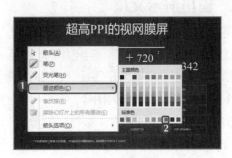

图 9-30　选择使用笔　　　　　　　　　图 9-31　设置笔颜色

（3）此时鼠标光标的形状变为一个小圆点，在需要突出重点的内容下方拖动鼠标绘制下划线，如图 9-32 所示。

（4）标注完成后，切换到第 62 张幻灯片，在左下角的工具栏中单击"笔触"按钮 ，在弹出的列表中选择"荧光笔"选项，然后再次执行，将其颜色设置为"红色"，如图 9-33 所示。

图 9-32 绘制下划线

图 9-33 设置荧光笔

（5）使用相同方法拖动鼠标，使用荧光笔将该张幻灯片中的重点内容圈起来。放映后，按【Esc】键退出幻灯片放映状态，此时将打开提示对话框，提示是否保留标记痕迹，单击 保留(K) 按钮保存标注，只有对标记的痕迹进行保存后，才会显示在幻灯片中，如图 9-34 所示。

图 9-34 保存注释

放映页面左下角的工具栏

进入放映状态后，在左下角将显示出工具栏，其功能应用与右键菜单对应：◁ 按钮用于切换到上一张幻灯片； 按钮对应"指针选项"命令； 按钮对应右键菜单除指针选项外的命令； 按钮则用于切换到下一张幻灯片。

9.2.2 输出演示文稿

不同的用途对演示文稿的格式也会有不同的要求。在 PowerPoint 2010 中可根据不同的需要，将制作好的演示文稿导出为不同的格式，以便更好实现输出共享的目的。输出结果可以是图片，也可以是视频等格式。

1. 将演示文稿转换为图片

演示文稿制作完成后，可将其转换为其他格式的图片文件，如 JPG、PNG 等图片文件，这样浏览者能以图片的方式查看演示文稿的

微课视频

将演示文稿转换为图片

内容。下面将"医院年度工作计划"演示文稿的幻灯片转换为图片，其具体操作如下。

（1）单击"文件"选项卡，在弹出的列表中选择"保存并发送"选项，在"文件类型"栏中选择"更改文件类型"选项，在右侧"更改文件类型"界面的"图片文件类型"栏中选择输出图片的格式，这里双击"PNG 可移植网络图形格式"选项，如图 9-35 所示。

（2）打开"另存为"对话框，在地址栏中设置保存位置，在"文件名"文本框中输入文件名，单击 保存(S) 按钮。此时会弹出一个提示对话框，单击 每张幻灯片(E) 按钮可将演示文稿中所有幻灯片保存为图片，单击 仅当前幻灯片(C) 按钮，只将当前的幻灯片转换为图片文件，这里单击 每张幻灯片(E) 按钮，如图 9-36 所示。

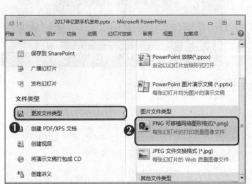

图 9-35　选择图片类型

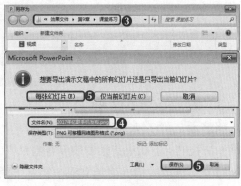

图 9-36　转换每张幻灯片

（3）打开保存幻灯片图片的文件夹，在其中可查看图片内容，双击幻灯片图片，在 Windows 照片查看器中打开图片进行查看，如图 9-37 所示。

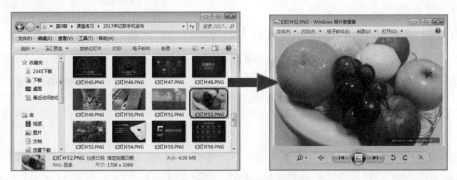

图 9-37　查看转换的图片

2. 导出为视频

将演示文稿导出为视频文件，不仅可以使添加动画和切换效果的演示文稿更加生动，还可使浏览者通过任意的一款播放器查看演示文稿的内容。下面将"2017 年亿联手机发布"演示文稿导出为 .wmv 格式视频，其具体操作如下。

微课视频

导出为视频

（1）单击"文件"选项卡，在弹出的列表中选择"保存并发送"选项，在"文件类型"栏中双击"创建视频"选项。

（2）打开"另存为"对话框，在地址栏中设置保存位置，在"文件名"文本框中保持默认文件名，

单击 保存(S) 按钮。

（3）开始导出视频，导出完成后，在保存位置双击导出的视频文件，将开始播放视频，如图 9-38 所示。

图 9-38　将演示文稿导出为视频

3. 将演示文稿打包成 CD

将演示文稿打包成 CD 实际上是将演示文稿以视频的方式刻录到光盘中，但前提是，打包演示文稿的计算机上必须要安装有刻录机，然后将演示文稿刻录到光盘中。打包成 CD 后，可通过光盘读取并播放演示文稿内容。下面将"2017 年亿联手机发布 .pptx"演示文稿打包成 CD，其具体操作如下。

（1）单击"文件"选项卡，在弹出的列表中选择"保存并发送"选项，在"文件类型"栏中双击"将演示文稿打包成 CD"选项。

（2）打开"打包成 CD"对话框，在"将 CD 命名为"文本框输入打包 CD 名称，单击 复制到 CD(C) 按钮，如图 9-39 所示，然后按照提示操作。

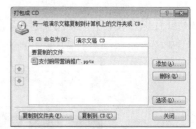

图 9-39　将演示文稿打包成 CD

9.3　项目实训

本章通过设置"工作计划"演示文稿、放映输出"新品上市发布"演示文稿两个课堂案例，讲解了幻灯片设置与放映输出的相关知识，包括使用母版编辑幻灯片、添加幻灯片切换动画、设置对象动画效果、放映幻灯片、输出演示文稿等，是日常办公中经常使用的知识点，应重点学习和把握。下面通过两个项目实训，灵活运用本章学习的知识。

9.3.1　制作"楼盘投资策划书"演示文稿

1. 实训目标

本实训的目标是制作"制作楼盘投资策划书"演示文稿，制作策划书需要目的明确，对实际情况进行分析。该目标要求掌握幻灯片母版的设计、幻灯片切换方案的设置和动画的设置等。本实训完成后的效果如图 9-40 所示。

微课视频

制作"楼盘投资策划书"演示文稿

素材所在位置 素材文件 \ 第 9 章 \ 项目实训 \ 楼盘投资策划书

效果所在位置 效果文件 \ 第 9 章 \ 项目实训 \ 楼盘投资策划书 .pptx

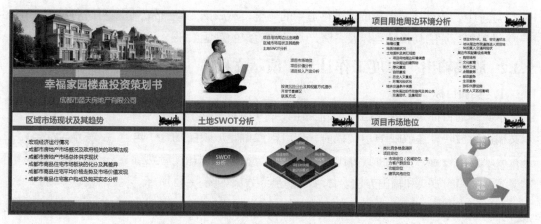

图 9-40 "楼盘投资策划书"演示文稿最终效果

2. 专业背景

楼盘投资策划书是房地产相关单位为了招商融资或实现阶段性发展目标，在前期对项目进行调研、分析、搜集与整理有关资料的基础上，根据一定的格式和内容的具体要求而编辑整理的一个全面展示公司和项目状况、未来发展潜力与执行策略的书面材料。

3. 操作思路

完成本实训可以先通过幻灯片母版制作幻灯片的统一模板，然后对幻灯片设置切换方案，并对其中的文本和图形对象设置动画效果，其操作思路如图 9-41 所示。

① 设置母版内容幻灯片　　　② 设置母版标题幻灯片　　　③ 设置切换效果

图 9-41 "楼盘投资策划书"演示文稿的制作思路

【步骤提示】

（1）打开"楼盘投资策划书"演示文稿，进入幻灯片母版，选择第 1 张幻灯片，在幻灯片下方绘制一个矩形，取消轮廓，并将其填充为"青绿"，并置于底层。然后使用相同方法绘制其他形状。

（2）插入"2.jpg"图片，移动到幻灯片右上角，然后调整标题占位符的位置，并将其字体设置为"微软雅黑""44""金色 255、204、3"，再将内容占位符的字体设置为"微软雅黑"。

（3）选择第 2 张幻灯片，单击"幻灯片母版"选项卡，选择"背景"组，单击选中 隐藏背景图形复选框，然后复制第 1 张幻灯片中下方的 4 个形状，将其粘贴到第 2 张幻灯片中，并对其大小和位置进行适当的调整，然后插入"1.jpg"图片并进行设置。

（4）设置幻灯片的切换动画以及各张幻灯片中对象的动画效果。

9.3.2 放映输出"年度工作计划"演示文稿

1. 实训目标

微课视频

放映输出"年度工作计划"演示文稿

本实训的目标是放映输出"年度工作计划"演示文稿，首先对演示文稿进行放映，在放映演示文稿前，作者需要确定放映的场合，再进行放映前的设置，然后将其导出为视频观看。通过实训让读者熟练掌握演示文稿的放映和输出方法。本实训的最终效果如图 9-42 所示。

素材所在位置 素材文件\第 9 章\项目实训\医院年度工作计划 .pptx
效果所在位置 效果文件\第 9 章\项目实训\年度工作计划

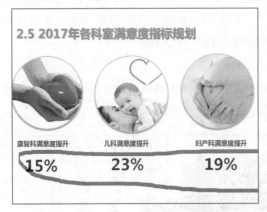
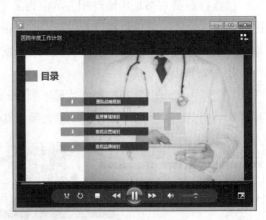

图 9-42　放映输出"年度工作计划"演示文稿最终效果

2. 专业背景

"年度工作计划"是公司经常需要制作的演示文稿，对下一年度的工作具有指导意义。"年度工作计划"应建立在可行的基础上，拒绝虚假的、不切实际的空想愿望，因此，演示文稿中所涉及的数据应该是具体的，并且要说明实现预期目的应采取的方法。

3. 操作思路

完成本实训，首先设置放映方式，然后进行实际放映，最后将演示文稿导出为视频。

【步骤提示】

（1）打开"年度工作计划"演示文稿，设置为"演讲者放映（全屏幕）"放映方式。

（2）放映演示文稿，在第 12 张幻灯片中使用荧光笔添加指标数据的注释。

（3）放映完后，退出放映，将演示文稿导出为视频并观看。

9.4 课后练习

本章主要介绍了幻灯片设置与放映输出的方法，下面通过两个习题，使读者对各知识的应用方法及操作更加熟悉。

练习1：制作"财务工作总结"演示文稿

下面将打开"财务工作总结"演示文稿，通过幻灯片母版设计演示文稿，然后添加动画等，完成后的效果如图9-43所示。

微课视频
制作"财务工作总结"演示文稿

素材所在位置 素材文件\第9章\课后练习\财务工作总结
效果所在位置 效果文件\第9章\课后练习\财务工作总结.pptx

图9-43 "财务工作总结"演示文稿最终效果

操作要求如下。

- 打开"财务工作总结"演示文稿，进入幻灯片母版视图状态，设置标题页和内容页的背景图片。
- 为每张幻灯片设置不同的切换效果和持续时间。
- 为幻灯片中的对象添加动画并进行编辑。

练习2：输出"品牌构造方案"演示文稿

下面将打开"品牌构造方案"演示文稿，将其分别导出为图片和视频文件，如图9-44所示。

微课视频
输出"品牌构造方案"演示文稿

素材所在位置 素材文件\第9章\课后练习\品牌构造方案.pptx
效果所在位置 效果文件\第9章\课后练习\品牌构造方案

图 9-44　输出图片和视频的效果

操作要求如下。

● 打开"品牌构造方案"演示文稿，将每张幻灯片以 .jpg 格式导出。

● 将演示文稿导出为 .wmv 视频文件。

9.5　技巧提升

1. 使用格式刷复制动画效果

如果需要为演示文稿中的多个幻灯片对象应用相同的动画效果，依次添加动画会非常麻烦，而且浪费时间，这时可使用动画刷快速复制动画效果，然后应用于幻灯片对象即可。使用动画刷的方法是：在幻灯片中选择已设置动画效果的对象，再单击"动画"选项卡，选择"高级动画"组，单击"动画刷"按钮 ✦，此时，鼠标光标将变成 ↳▲形状，将鼠标光标移动到需要应用动画效果的对象上，然后单击鼠标，即可为该对象应用复制的动画效果。

2. 放映时隐藏鼠标光标

在放映幻灯片的过程中，如果鼠标光标一直放在屏幕上，会影响放映效果。若放映幻灯片时不使用鼠标进行控制，可将鼠标光标隐藏。其方法是：在放映的幻灯片上单击鼠标右键，在弹出的快捷菜单中选择"指针选项"命令，在弹出的子菜单中选择"箭头选项"命令，在弹出的子菜单中选择"永远隐藏"命令，即可将鼠标光标隐藏。

3. 观众自行浏览和在展台浏览（全屏幕）

观众自行浏览（窗口）的放映方式中，可运行小屏幕的演示文稿。如个人通过公司网络或全球广域网浏览的演示文稿。演示文稿会出现在小型窗口内，并提供在放映时移动、编辑、复制和打印幻灯片的命令。在此模式中，可使用滚动条或【Page Up】和【Page Down】键从一张幻灯片移到另一张幻灯片。在展台浏览（全屏幕）的放映方式中，可自动运行演示文稿。如，在展览会场或会议中播放演示文稿。如果摊位、展台或其他地点需要运行无人值守的幻灯片放映，可以将幻灯片放映设置为"运行时，大多数的菜单和命令都不可用，并且在每次放映完毕后自动地重新开始"。观众可以浏览演示文稿内容，但不能更改演示文稿。

CHAPTER 10

第 10 章
综合案例

米拉如今在工作岗位上如鱼得水，也不负老洪的厚望，制作各类文件速度和质量都有保证。这不，快到年终了，不仅公司要总结，米拉个人也要总结。

学习目标

- 巩固 Word 与 Excel、PowerPoint 的操作方法
  掌握新建文件、保存文件、输入内容、编辑内容格式、美化文档、表格和演示文稿等操作。
- 掌握协同制作的操作方法
  掌握在不同文档中复制内容、在 PowerPoint 中粘贴 Word 文本内容和在 PowerPoint 中插入表格并编辑等操作。

案例展示

▲ "年终总结"演示文稿效果

▲ "工作说明书"文档效果

10.1　实训目标

米拉接到公司安排的任务后，立即着手准备，老洪从旁指导。在实际制作中。要完成年终总结演示文稿，我们可以使用 Word 编辑文档内容，使用 Excel 制作专业表格，然后将文档内容和表格嵌入或链接到 PowerPoint 幻灯片，从而提高制作效率和准确性。米拉听从老洪的建议后，开始制作文件，经过不懈的努力以及老洪的热忱帮助，米拉完成了演示文稿的制作，完成后的参考效果如图 10-1 所示。

素材所在位置　素材文件＼第 10 章＼综合实训＼年终总结
效果所在位置　效果文件＼第 10 章＼综合实训＼年终总结

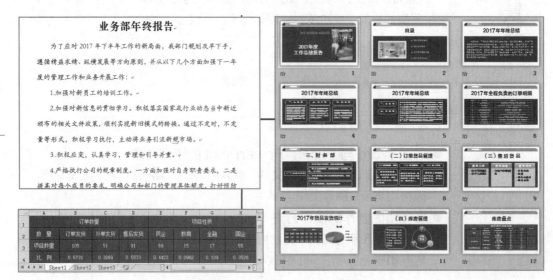

图 10-1　"年终总结"演示文稿效果

10.2　专业背景

"年终总结"是公司对当年度公司整体运营情况进行的汇总报告，概括性极强，其重点一般包括产品"生产状况""质量状况""销售情况"以及来年的计划。实际工作中，这类文稿包含文本、表格以及图片等对象，如果在 PowerPoint 中调用 Word、Excel 中的内容，协作制作演示文稿，将有效提高工作效率。

10.3　制作思路分析

制作本例前，应先收集相关资料，做好前期准备。可以先使用 Excel 和 Word 制作出演示文稿中需要的文档和电子表格，然后再利用整合的信息和收集的图片制作幻灯片。下面介绍在 Office 各个组件之间调用资源的几种方法。

- **复制和粘贴对象**：在 Word、Excel、PowerPoint 中制作好的文档、表格、幻灯片可以通过复制、粘贴操作相互调用。复制与粘贴对象的方法很简单，只需要选择相应的对象并进行复制，再切换到另一个 Office 组件中粘贴即可。
- **插入对象**：复制与粘贴操作实际上是将 Word、Excel 和 PowerPoint 3 个组件中的局部或需要的元素嵌入到另一个组件中使用，也可以直接将整个文件作为对象插入到其他组件中使用。
- **超链接对象**：在放映幻灯片时如果要展示相关的 Word 或 Excel 文件中的数据，也可以创建相应的超链接，便于在放映时打开。在创建教学课件、报告和论文等演示文稿时可以使用该功能来链接数据。

本实训的操作思路如图 10-2 所示。

① 制作文档　　　　② 制作电子表格　　　　③ 制作演示文稿

图 10-2 "年终总结"演示文稿的制作思路

10.4 操作过程

拟定好制作思路后即可按照思路逐步进行操作，下面开始制作所需的文档、电子表格和演示文稿。

10.4.1 使用 Word 制作年终报告文档

在 Word 程序中制作文档不仅层次结构清晰，而且对文本的编辑和设置也能快速进行。下面将在 Word 中分别制作"业务部年终总结""客户部年终总结""财务部年终总结"文档，其具体操作如下。

微课视频

使用 Word 制作年终报告文档

（1）启动 Word 程序，新建一篇文档并将其保存为"客户年终总结"，在文档中输入"客户年终总结"文本，并将其字体设置为"方正大标宋简体，二号"，在标题下面输入一段报告的文本，如图 10-3 所示。

（2）选择正文文本，在"开始"选项卡的"段落"组中单击对话框扩展器按钮，打开"段落"对话框，在"对齐方式"列表框中选择"左对齐"选项，在"特殊格式"列表框中选择"首行缩进"选项，在"行距"列表框中选择"多倍行距"选项，在"设置值"数值框中输入"2"，完成后单击 确定 按钮，如图 10-4 所示。

221

图 10-3　输入文本内容

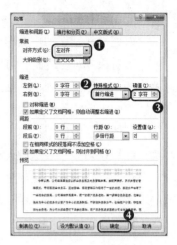

图 10-4　设置段落格式

（3）在页面中依次输入4个总结文档的标题，设置标题文本的字体格式为"宋体、四号、加粗"，如图 10-5 所示。

（4）在各个标题中输入总结的正文文本，设置与前面正文相同的文本和段落格式，并设置正文的文本格式为"华文楷体、四号"，如图 10-6 所示。

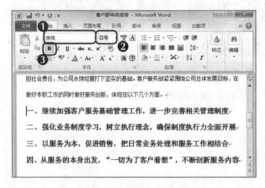

图 10-5　输入标题文档

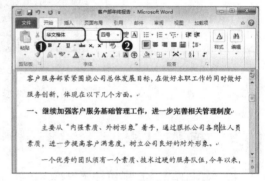

图 10-6　输入正文内容

（5）用相同的方法创建"财务部年终总结"文档，并设置相同的字体和段落格式，如图 10-7 所示。

（6）用相同的方法创建"业务部年终总结"文档，并设置相同的字体和段落格式，如图 10-8 所示。

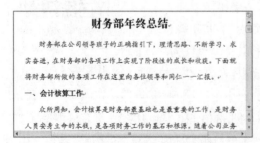

图 10-7　创建"财务部年终总结"文档

图 10-8　创建"业务部年终总结"文档

10.4.2 使用 Excel 制作相关报告表格

微课视频

使用 Excel 制作相关
报告表格

在 Excel 中制作电子表格不仅可以方便地输入数据，而且可以对数据快速进行计算，并对表格单元格设置边框和底纹等效果，这是其他软件不能比拟的。下面在 Excel 中制作"订单明细""发货统计""库存明细"3 个电子表格，其具体操作如下。

（1）启动 Excel 2010 程序，新建一个工作簿，将其保存为"库存明细"工作簿，在 A1:F14 单元格区域中输入表格的表头文本和相关数据，如图 10-9 所示。

（2）分别选择 A1:F1、A3:A6、A7:A12、A13:A14、B5:B6、B8:B10、B11:B12、B13:B14、F3:F6、F7:F12、F13:F14 单元格区域，单击"开始"选项卡的"对齐方式"组中的"合并后居中"按钮，并选择其他单元格，单击"居中"按钮进行居中对齐，如图 10-10 所示。

图 10-9 输入表格数据后的效果

图 10-10 合并单元格后的效果

（3）将 A1 单元格中的字体格式设置为"方正中雅宋简、16"，将 A2:F2 单元格区域中的字体格式设置为"华文仿宋、14"，并设置单元格的列宽和行高以适应数据的显示，如图 10-11 所示。

（4）选择 A1:F14 单元格区域，在"开始"选项卡"对齐方式"组中单击对话框扩展按钮，打开对话框，在"边框"选项卡中的"样式"列表框中选择"粗线条"选项，单击"外边框"按钮，在"样式"列表框中选择"细线条"选项，单击"内部"按钮，如图 10-12 所示。

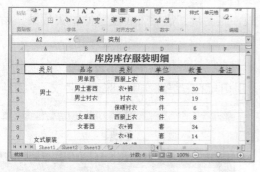

图 10-11 设置字体格式后的效果

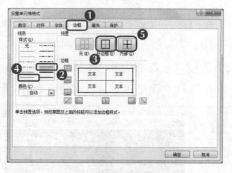

图 10-12 设置单元格边框

（5）单击"填充"选项卡，单击 其他颜色(M)... 按钮，打开"颜色"对话框的"自定义"选项卡，输入"RGB"为"3、101、100"，依次单击 确定 按钮，如图 10-13 所示。

（6）返回工作表中可以看到为单元格设置的边框和底纹效果，如图 10-14 所示。

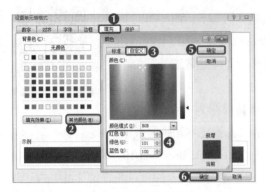

图 10-13　设置单元格底纹

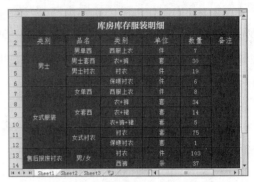

图 10-14　查看设置的边框与底纹效果

（7）用相同的方法创建"订单明细"和"发货统计"工作簿，并在其中输入文本，设置文本的格式、边框和底纹效果，制作后的效果分别如图 10-15、图 10-16 所示。

图 10-15　创建其他表格效果

图 10-16　创建其他表格效果

10.4.3　使用 PowerPoint 创建年终报告演示文稿

文档和电子表格制作完成后，就可以开始制作最重要的演示文稿。在演示文稿中创建多张幻灯片，并设置切换动画以及对象的动画，最后将创建的文档链接到幻灯片中，将制作的电子表格嵌入到幻灯片中，其具体操作如下。

微课视频

使用 PowerPoint 创建年终报告演示文稿

（1）打开"年终总结"演示文稿，在第 1 张幻灯片中输入演示文稿的标题文本并设置字体格式，并在右侧插入一张图片，最后设置图片的格式效果，如图 10-17 所示。

（2）新建"标题和内容"幻灯片，输入标题"目录"，并输入目录中的相关文本，然后在幻灯片左侧插入图片，如图 10-18 所示。用相同的方法制作第 3 张幻灯片。

图 10-17　输入标题文本

图 10-18　创建目录幻灯片

（3）创建第 4 张幻灯片，标题文本设置为"2017 年年终总结"，并在标题下创建文本框，在文本框中分别输入业务部、客户部、财务部的相关年终总结的总结文本，并设置文本框的格式和文本的格式，如图 10-19 所示。用同样的方法创建第 5、6、7、8 张幻灯片。

（4）在新建的第 9 张幻灯片中输入标题文本，在下面创建一个名为"水平项目符号列表"的 SmartArt 图形，并在其中输入相应文本，然后设置 Smart 图形的样式以及文本的格式，如图 10-20 所示。用相同的方法在第 11 张幻灯片中创建一个名为"射线循环"的 SmartArt 图形。

图 10-19　创建文本框文本

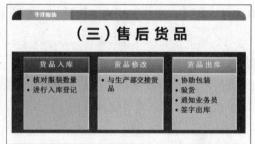

图 10-20　创建 SmartArt 图形

（5）在第 14 张幻灯片中创建幻灯片标题并在其中输入相关的文本内容，如图 10-21 所示。

（6）创建最后一张幻灯片，在其中输入"年终总结 到此结束 谢谢"文本，并设置文本格式，如图 10-22 所示。

图 10-21　输入文本

图 10-22　制作幻灯片结尾

（7）选择第 1 幻灯片，在"切换"选项卡的"切换到此幻灯片"组中的列表框中选择"形状"切换方案，在"持续时间"数值框中输入"02:00"，切换方式设置为"单击鼠标时"，完成后单击"全部应用"按钮 🗐，为所有幻灯片设置切换动画，如图 10-23 所示。

（8）选择第 1 张幻灯片中的标题占位符，在"动画"选项卡的"动画"组中的"动画样式"列表框中选择"进入"栏中的"浮入"动画。为第 2 个标题占位符号设置"随机线条"动画，如图 10-24 所示。

（9）用相同的方法为其他幻灯片中的对象设置相应的动画效果。

图 10-23　设置幻灯片切换方案

图 10-24　设置幻灯片动画

10.4.4　在 PowerPoint 中插入文档和表格

微课视频

在 PowerPoint 中插入
文档和表格

为了减少在演示文稿中创建幻灯片的各种操作，可以事先将一些制作好的文档或表格以链接或嵌入的方式显示在幻灯片中，这样在放映幻灯片时同样可以查看文档和表格中的内容，下面在演示文稿中插入电子表格和文档，其具体操作如下。

（1）选择第 6 张幻灯片，在"插入"选项卡的"文本"组中单击"对象"按钮 。

（2）在打开的"插入对象"对话框中，单击选中 ⦿由文件创建(F) 单选项，然后单击 浏览(B)… 按钮，在打开的对话框中选择"订单明细"Excel 文件，返回"插入对象"文本框，单击 确定 按钮，如图 10-25 所示。

（3）在幻灯片中插入"订单明细"电子表格，根据幻灯片的大小，调整表格的大小，如图 10-26 所示。用同样的方法在第 10 张和第 12 张幻灯片中分别插入"发货统计"和"库存明细"电子表格。

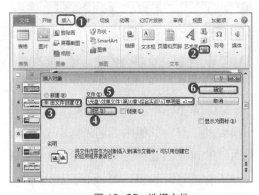

图 10-25　选择文件

图 10-26　在幻灯片中插入表格

（4）选择第 4 张幻灯片，分别在 3 个文本框下面创建一个文本框，在其中输入文本"单击查看总结"。

（5）选择左侧"单击查看总结"文本，在"插入"选项卡的"链接"组中单击"超链接"按钮 。

（6）打开"插入超链接"对话框，在"链接到"列表框中选择"现有文件或网页"选项，在"查找范围"列表框中选择保存文件的文件夹，在下面的列表框中选择"业务部年

终报告 .docx"选项，单击 确定 按钮，为该文本创建一个链接，如图 10-27 所示，放映演示文稿单击该链接将启动 Word 程序并打开"业务部年终报告 .docx"文档。

（7）用同样的方法为幻灯片中其他两处"单击查看总结"文本创建链接，分别链接"客户部年终报告 .docx"和"财务部年终报告 .docx"，如图 10-28 所示。

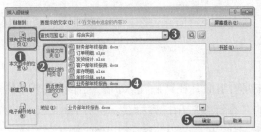
图 10-27 选择链接文件

图 10-28 查看创建链接效果

10.5 项目实训

本章通过综合实训，协同 Word、Excel、PowerPoint 制作"年终总结"演示文稿，进一步熟悉 Word 制作文档、Excel 制作表格和在 PowerPoint 中使用文档和表格的方法。下面通过项目实训，灵活运用 Word、Excel 和 PowerPoint 的知识。

10.5.1 使用 Word 制作"员工工作说明书"文档

1. 实训目标

本实训的目标是制作"员工工作说明书"文档，通过实训巩固 Word 文档的输入、编辑、美化和编排等操作知识。本实训的最终效果如图 10-29 所示。

微课视频
使用 Word 制作"员工工作说明书"文档

效果所在位置 效果文件\第 10 章\项目实训\员工说明书 .docx

图 10-29 "员工工作说明书"文档效果

2．专业背景

"员工工作说明书"是公司用于员工工作的指导手册，其框架要清晰，包括主要条款和其执行内容。其内容一般包括工作职责和范围、额外职责要求、监督及岗位关系、工作流程及考核标准、职务权限、工作条件、工作资历、所需知识和专业技能等。

3．操作思路

完成本实训首先新建文档进行保存，输入文本并设置格式，然后在文档中插入 SmartArt 图形和表格对象，最后添加目录和页眉页脚等。

【步骤提示】

（1）启动 Word 2010，新建空白文档，插入并编辑封面，在其后输入员工工作说明书的具体内容，并设置字体格式，完成后为文档的各个标题应用标题样式。

（2）在文档的"本岗位职务晋升阶梯图"板块中插入 SmartArt 图形，并输入内容，然后更改 SmartArt 图形颜色和应用 SmartArt 图形样式。

（3）在文档的"工作流程及考核标准"板块中插入并编辑表格。

（4）为文档添加目录和页眉与页脚，并进行拼写与语法检查，完成后保存并关闭文档。

10.5.2 使用 Excel 制作"楼盘销售分析表"工作簿

微课视频

使用 Excel 制作"楼盘销售分析表"工作簿

1．实训目标

本实训的目标是用 Excel 制作"楼盘销售分析表"，通过实训掌握 Excel 电子表格的制作与数据管理，让文档的原始制作者修改。本实训的最终效果如图 10-30 所示。

 效果所在位置 效果文件 \ 第 10 章 \ 项目实训 \ 楼盘销售分析表 .xlsx

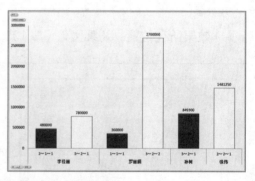

图 10-30 "楼盘销售分析表"工作簿最终效果

2．专业背景

楼盘销售分析表，常用于楼盘销售统计和分析，其中楼层、单价、面积和销售额是必不可少的数据元素。而对于销售数据而言，通过图表对数据进行分析，能够直观地看到销售情况的对比，如什么样的楼层售卖情况较好，什么样的价格是消费者容易接受的等。

3．操作思路

完成本实训首先新建工作簿，对数据内容进行输入、填充和设置数据格式等。然后设置表格边框线与底纹，并通过公式对销售额进行计算，之后对表格数据进行排序、筛选等操作，最后通过数据创建数据透视图，并通过数据透视图筛选数据。

【步骤提示】

（1）新建空白工作簿，将其以"楼盘销售分析表.xlsx"为名进行保存，将"Sheet1"工作表重命名为"销售数据"，然后删除"Sheet2"和"Sheet3"工作表。

（2）选择"销售数据"工作表，在其中输入所需文本，并设置数据格式。

（3）使用公式计算"销售额"列的表格数据，然后选择除标题外的所有包含文本内容的单元格区域，为其套用表格样式。

（4）选择所有包含文本内容的单元格，单击"开始"选项卡，在"单元格"组中单击"格式"按钮，在弹出的列表中选择"自动调整列宽"选项，自动调整列宽。

（5）插入剪贴画，将其移动到标题文本前，然后继续编辑。

（6）在"销售数据"工作表中选择数据区域，插入数据透视表和数据透视图，并将数据透视图移动到名为"数据透视图"的新工作表中，然后进行编辑和美化。

10.5.3 协同制作"营销计划"演示文稿

微课视频

协同制作"营销计划"
演示文稿新建文档

1．实训目标

本实训的目标是制作"营销计划"演示文稿，该目标要求掌握 Office 中各个组件之间的协同使用。本实训的最终效果如图 10-31 所示。

 效果所在位置 效果文件 \ 第 10 章 \ 项目实训 \ 营销计划

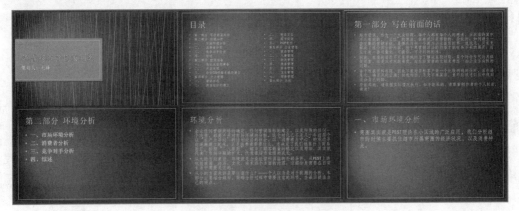

图 10-31 "营销计划"演示文稿效果

2．专业背景

一份有效的营销计划，是实现营销成功的基础。那么如何制订出一份有效的营销计划呢？

将营销计划制作成演示文稿才能让投资者满意。制订营销计划的主要步骤如下：

- 了解市场和竞争状况。
- 认识客户，选择合适的地点。
- 创意的营销信息。
- 确定营销媒介。
- 设定销售和营销目标。
- 制订营销预算。

3. 操作思路

完成本实训需要分别使用 Word、Excel、PowerPoint 这 3 个程序，首先使用 Word 创建文档，再使用 Excel 制作电子表格，最后使用 PowerPoint 创建演示文稿，并将文档和电子表格嵌入到其中，其操作思路如图 10-32 所示。

① 使用 Word 制作文档

② 制作电子表格

③ 制作演示文稿

图 10-32 "营销计划"演示文稿的制作思路

【步骤提示】

（1）启动 Word 2010，在其中创建一个名为"营销计划"的大纲。

（2）使用 Excel 制作营销计划文档中需要的各个电子表格。

（3）在 PowerPoint 中使用创建大纲的文档创建幻灯片。

（4）将文档中的各个文本复制到幻灯片中。

10.6 课后练习

本章主要通过综合实训巩固 Word、Excel 和 PowerPoint 的相关操作知识，下面通过两个习题的制作，使读者进一步掌握使用 Word、Excel、PowerPoint 制作各类文件的一般方法。

练习1：协同制作"市场分析"演示文稿

下面将根据提供的文档和表格，在 PowerPoint 中粘贴文档和表格内容，协同完成制作"市场分析"演示文稿，完成后的参考效果如图 10-33 所示。

微课视频

协同制作"市场分析"
演示文稿

素材所在位置 素材文件 \ 第 10 章 \ 课后练习 \ 市场分析
效果所在位置 效果文件 \ 第 10 章 \ 课后练习 \ 市场分析 .pptx

图 10-33　"市场分析"最终效果

操作要求如下。

● 在提供的"市场分析"Word 文档中复制相关文本。

● 在 PowerPoint 幻灯片中按【Ctrl+V】组合键进行粘贴操作。

● 选择需创建图表的幻灯片，单击"插入"选项卡，在"文本"组中单击"对象"按钮，打开"插入对象"对话框，在其中选择需要插入的"开发情况"和"投资情况"表格。

练习 2：协同制作"年终销售总结"并添加动画

根据提供的素材文件"年终销售总结 .pptx""销售情况统计 .xlsx""销售工资统计 .xlsx""销售总结草稿 .docx"，协同制作"年终销售总结"演示文稿，并设计动画，参考效果如图 10-34 所示。

微课视频

协同制作"年终销售总结"并添加动画

素材所在位置　素材文件 \ 第 10 章 \ 课后练习 \ 年终销售总结
效果所在位置　效果文件 \ 第 10 章 \ 课后练习 \ 年终销售总结 .pptx

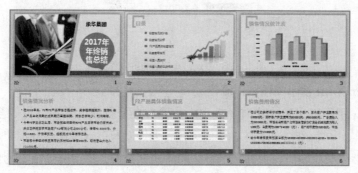

图 10-34　"年终销售总结"最终效果

要求操作如下。

● 将"销售总结草稿"文档的正文内容添加到演示文稿的第 4 张、第 6 张、第 7 张幻灯片中。

● 将"销售情况统计"工作簿中的销售图表粘贴到第 3 张幻灯片中。

● 将"销售情况统计"中的 F2 产品销售表格数据链接调用到第 5 张幻灯片中。

- 在第 8 张幻灯片中插入"销售工资统计 .xlsx"的"基本工资表"和"提成工资表"表格对象。
- 为幻灯片中添加的对象设置动画效果，并为每张幻灯片设置切换效果。

10.7 技巧提升

1. Word 文档制作流程

Word 常用于制作和编辑办公文档，如通知、说明书等，在制作这些文档时，只要掌握了使用 Word 制作文档的流程，其制作起来非常方便、快捷。虽然使用 Word 可制作的文档类型非常多，但其制作流程都基本相同，图 10-35 所示为使用 Word 制作文档的流程。

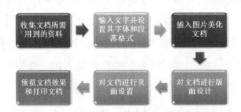

图 10-35　Word 文档的制作流程

2. Excel 电子表格制作流程

Excel 用于创建和维护电子表格，通过它不仅可制作各种类型的电子表格，还能对其中的数据进行计算、统计。Excel 的应用范围比较广，如日常办公表格、财务表格等，但在制作这些表格前，需要掌握使用 Excel 制作电子表格的流程，如图 10-36 所示。

图 10-36　Excel 电子表格的制作流程

3. PowerPoint 演示文稿制作流程

PowerPoint 用于制作和放映演示文稿，是现在办公行业应用最广泛的多媒体软件，使用 PowerPoint 软件可制作培训讲义、宣传文稿、课件以及会议报告等各种类型的演示文稿。PowerPoint 虽然分类比较广，但其制作方法和流程都类似，图 10-37 所示为使用 PowerPoint 制作演示文稿的流程。

图 10-37　PowerPoint 演示文稿的制作流程

附录

APPENDIX

附录 1　Office 常用快捷键

　　为了在办公中提高制作各类文件的效率，本附录整理了 Word、Excel 和 PowerPoint 这三个办公软件的常用快捷键（见附表 1-1 ~ 附表 1-3），读者可通过使用快捷键快速完成文件内容的格式设置和编排。

附表 1-1　Word 常用快捷键

快捷键	作用	快捷键	作用
Ctrl+A	全选	Ctrl+B	粗体
Ctrl+N	新建文档	Ctrl+E	居中对齐
Ctrl+F	查找	Ctrl+G	定位
Ctrl+H	替换	Ctrl+I	斜体
Ctrl+J	两端对齐	Ctrl+K	插入超级链接
Ctrl+L	左对齐	Ctrl+M	左缩进
Ctrl+P	打印	Ctrl+R	右对齐
Ctrl+T	首行缩进	Ctrl+U	下划线
Ctrl+X	剪切	Ctrl+V	粘贴
Ctrl+C	复制	Ctrl+Shift+C	格式拷贝
Ctrl+Shift+D	添加双下划线	Ctrl+Shift+H	将所选文本隐藏
Ctrl+Shift+L	应用列表样式	Ctrl+Shift+M	减少左缩进
Ctrl+Shift+N	降级为正文	Ctrl+Shift+P	定义字符大小
Ctrl+Shift+T	减小段落缩进	Ctrl+Shift+U	下划线
Alt+Shift+D	插入日期	Alt+Shift+P	插入页码
Shift+Enter	换行符	Ctrl+Enter	分页符
Ctrl+Alt+1	应用"标题 1"	Ctrl+Alt+2	应用"标题 2"

附表 1-2　Excel 常用快捷键

快捷键	作用	快捷键	作用
Ctrl+P	显示"打印"对话框	Shift+F11	插入新工作表
Ctrl+Page Up	移动到工作薄中的上一张工作表	Ctrl+Page Down	移动到工作薄中的下一张工作表
Ctrl+Shift+Page Down	选中当前工作表和下一张工作表	Ctrl+Page Down	开始一条新的空白记录

快捷键	作用	快捷键	作用
Ctrl+Shift+Page Up	选择当前工作表和上一张工作表	Home	移动到行首或窗口左上角的单元格
Ctrl+Home	移动到工作表的开头	Ctrl+End	移动到工作表的最后一个单元格
Alt+Page Down	向右移动一位	Alt+Page Up	向左移动一位
Shift+F5	显示"查找"对话框	Shift+F4	重复上一次查找操作
End	移动到窗口右下角的单元格	End+ 箭头键	在一行或一列内以数据块为单位移动
Ctrl+ 空格	选中整列	Shift+ 空格	选择整行
Ctrl+6	在隐藏对象、显示对象和显示对象占位符之间进行切换	Ctrl+Shift+*	选择活动单元格周围的当前区域
Ctrl+[	选择由选中区域的公式直接引用的所有单元格	Ctrl+]	选取包含直接引用活动单元格的公式的单元格
Alt+Enter	在单元格中换行	Ctrl+Enter	用当前输入项填充选择的单元格区域
Ctrl+Y	重复上一次操作	Ctrl+D	向下填充
Ctrl+R	向右填充	Ctrl+Shift+:	插入时间
Ctrl+;	输入日期	Shift+F3	在公式中,显示"插入函数"对话框
Alt+=	使用 SUM 函数插入"自动求和"公式	Ctrl+Delete	删除插入点到行末的文本
Ctrl+Shift++	插入空白单元格	Alt+`	显示"样式"对话框
Ctrl+1	显示"单元格格式"对话框	Ctrl+9	隐藏选择行
Ctrl+Shift+%	应用不带小数位的"百分比"格式	Ctrl+Shift+^	应用带两位小数位的"科学记数"数字格式
Ctrl+Shift+#	应用含年，月，日的"日期"格式	Ctrl+Shift+$	应用带两个小数位的"货币"格式
Ctrl+Shift+&	对选择的单元格应用外边框		

附表 1-3　PowerPoint 常用快捷键

快捷键	作用	快捷键	作用
Ctrl+X	剪切所选文本或对象	Ctrl+C	复制所选文本或对象
Ctrl+V	粘贴文本或对象	Ctrl+S	保存文档
Ctrl+N	创建与当前或最近使用过的文档类型相同的新文档	Ctrl+Page Down	取消选择多张工作表
Ctrl+O	打开文档	Home	移动到行首或窗口左上角的单元格
Ctrl+A	选择当前区域的所有内容	Ctrl+End	移动到工作表的最后一个单元格
F5	从开头放映	Alt+Page Up	向左移动一位
Ctrl+Shift++	应用上标格式（自动调整间距）	Ctrl+=	应用下标格式（自动调整间距）
Ctrl+Shift+F	更改字体	Ctrl+Shift+P	更改字号
Ctrl+Shift+G	组合对象	Ctrl+Shift+H	解除组合
Ctrl+Shift+"<"	增大字号	Ctrl+Shift+">"	减小字号
Shift+F4	重复最后一次查找	Alt+I+P+F	插入图片
Alt+R+R+T	置于顶层	Alt+R+R+K	置于底层
Alt+R+R+F	上移一层	Alt+R+R+B	下移一层
Alt+R+A+L	左对齐	Alt+R+A+R	右对齐
Alt+R+A+T	顶端对齐	Alt+R+A+B	底端对齐
Alt+R+A+C	水平居中	Alt+R+A+M	垂直居中
Shift+F5	从当前页放映	Esc	退出放映状态
B 或句号	黑屏或从黑屏返回幻灯片放映	W 或,	白屏或从白屏返回幻灯片放映
S 或加号	停止或重新启动自动幻灯片放映本	Ctrl+P	重新显示隐藏的指针或将指针改变成绘图笔
Ctrl+N+S	另存文档	M	排练时使用鼠标单击切换到下一张幻灯片
E	擦除屏幕上的注释	H	到下一张隐藏幻灯片
O	排练时使用原设置时间	Ctrl+H	立即隐藏指针和按钮
键入编号后按 Enter	直接切换到该张幻灯片	Ctrl+T	查看任务栏

附录 2　Office 能力提升网站推荐

为了提高学生制作文件的水平和效率，这里列举了 Office 的一些经典网站。这些网站提供了 Word、Excel 和 PowerPoint 的常用模板，下载后进行调整和编辑，即可满足工作的需要。另外，网站中还提供了制作和设计文件的小技巧，帮助用户进阶。

1. Word 联盟（http://www.wordlm.com/）

Word 联盟是专注 Office 办公软件的网站。本站有最新的 Office 资讯、通俗易懂的教程、专业的实例方案和众多的素材资源等，让用户更容易地了解办公软件带来的作用和方便，更快速地掌握办公软件的操作。在本网站还可下载 Office 办公软件，包括 Office 2007、Office 2010 和 Office 2013 等，附图 2-1 所示为 Word 联盟网站首页。

2. Excel Home（http://www.excelhome.net/）

Excel Home 也叫"Excel 之家"，是国内具有较大影响力的以从事研究与推广 Excel 为主的网站。网站对自身的定义和评价"Excel 教程下载和软件下载中心，Microsoft 技术社区联盟成员，全球领先的 Excel 门户，Office 技术培训的最佳社区"。

ExcelHome 在 Excel 方面做得非常出色，网站的主要成员都是 Excel 方面的高手，有几本销量不错的著作。网站提供内容学习、答疑、软件下载等主流内容，在 Excel 函数、图表方面比较有心得。同时，提供视频学习、公开课等特色形式。推出的微信公众号，也让用户可以随时随地了解最新 Excel 信息。附图 2-2 所示为 Excel Home 网站首页。

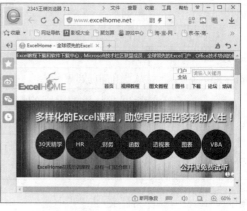

附图 2-1　Word 联盟　　　　　　　　附图 2-2　Excel Home

3. 第 1PPT（http://www.1ppt.com/）

主要提供 PPT 素材，也有少量的 Word 和 Excel 教程。网站收集了大量的 PPT 制作模板、素材、背景和图表等内容，用户可以免费下载使用。同时这里也是 PPT 的交易平台，优秀的 PPT 制作者将自己制作的模板发布在网上，供用户付费使用，同时也提供定制服务，附图 2-3 所示为第 1PPT 网站首页。

4. 锐普 PPT（http://www.rapidbbs.cn/）

锐普 PPT 属于"上海锐普广告有限公司"，成立于 2007 年，是国内领先的专业 PPT 设计和培训公司。依托锐普 PPT 网站，聚集了大批 PPT 爱好者，同时开展了 6 期锐普 PPT 大赛，在动画制作领域、PPT 版式设计领域拥有较高的知名度。下属的"演界网"是 PPT 的交易制作平台，同时还有"锐普 PPT"微信公众号，给希望和需要学习 PPT 的人提供了多种学习途径，如附图 2-4 所示为网站首页。

附图 2-3　第 1PPT

附图 2-4　锐普 PPT

5. 和秋叶一起学 PPT "网易云课堂"（http://study.163.com/c/ppt#/courseDetail）

网易云课堂的"和秋叶一起学 PPT"网络在线课程，主要针对会 PPT 操作，却不知如何更好地应用在职场中的人士，这是一个需要付费的课程，但针对性和易用性很强。虽然课程里讲解的 PPT 软件操作可能并不多，但却告诉读者更多的设计制作技巧，以及结构化思维模式，附图 2-5 所示为其首页。

6. Office 办公助手（http://www.officezhushou.com/）

这是一个综合性的 Office 学习网站，包含教程学习、技巧分析和软件下载等，分类提供，方便读者快速找到自己需要的内容，附图 2-6 所示为网站首页。

附图 2-5　和秋叶一起学 PPT "网易云课堂"

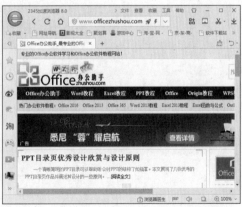

附图 2-6　Office 办公助手

附录3　PowerPoint 配色原则

PowerPoint 的配色直接影响着观赏者对幻灯片的感性认识，不同的幻灯片应该使用不同的配色方案，了解 PowerPoint 的配色原则将有很大帮助。同时，配色原则同样适用于 Word 和 Excel 的美化设置。

1. 单色

在搭配颜色时，若是无从下手，不妨尝试将一种颜色调整为不同的亮度，通过不同亮度衬托出一种和谐之美。需要注意的是使用单色很容易使画面单调，为了避免这种情况，用户可在幻灯片中适当加一些黑、白、灰。如附图 3-1 所示为色环中相同颜色的不同亮度表现以及一种单色配色方案。

2. 相邻色

相邻色是指在色环中位置接近的颜色，使用相邻色可以使幻灯片看起来比较柔和。为了让幻灯片更有层次感，可使用相邻色，但需要使用不同明亮度的颜色，尽量不要使用同一明亮度的三个相邻色。如附图 3-2 所示为色环中的相邻位置以及一种相邻色配色方案。

3. 互补色

互补色是色环中位置最远的颜色，使用互补色能最大限度地增强视觉冲击力。在使用互补色的时候一定要有主次，颜色的比例和分量不要基本相同，否则会使幻灯片显得太过花哨，反而不易于欣赏。如附图 3-3 所示为色环中的互补色位置以及一种互补色配色方案。

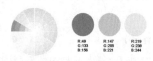

附图 3-1　单色配色原则　　　附图 3-2　相邻色配色原则　　　附图 3-3　互补色配色原则